LES MALADIES

DES

PLANTES CULTIVÉES

LES MALADIES
DES
PLANTES CULTIVÉES
DES ARBRES FRUITIERS ET FORESTIERS

PRODUITES PAR

LE SOL — L'ATMOSPHÈRE — LES PARASITES-VÉGÉTAUX, ETC.

d'après les Travaux

DE TULASNE, DE BARY, BERKELEY, HARTIG, SORAUER, ETC.

PAR

A. D'ARBOIS DE JUBAINVILLE
Sous-Inspecteur des Forêts
Ancien Élève de l'École forestière de Nancy

JULIEN VESQUE
Chef des Travaux de Physiologie végétale à l'Institut agronomique

Avec 48 Vignettes et 7 Planches en Couleur.

PARIS
J. ROTHSCHILD, ÉDITEUR
13, RUE DES SAINTS-PÈRES, 13
1878

TABLE DES MATIÈRES

Pages.

CHAPITRE DEUXIÈME.

CHAPITRE TROISIÈME.

CHAPITRE QUATRIÈME.

CHAPITRE CINQUIÈME.

CHAPITRE SIXIÈME.

FIN DE LA TABLE DES MATIÈRES.

LES MALADIES

DES

PLANTES CULTIVÉES

INTRODUCTION.

Nous appelons *maladie* le trouble qui se manifeste dans l'organisme et qui l'empêche de remplir convenablement le rôle qui lui est assigné.

De même qu'une machine inerte, la plante possède une certaine quantité de force disponible, et si, par une cause quelconque, une partie du mécanisme ne fonctionne pas, toute la force est employée à faire marcher d'autant mieux les parties intactes. C'est ainsi qu'un arbre fruitier stérile développe ses rameaux et ses branches beaucoup mieux qu'un arbre fertile.

L'homme juge à son propre point de vue l'état de santé et de maladie des plantes cultivées. Pour lui, la plante est malade lorsqu'elle ne fournit pas le produit qu'il attend d'elle. Un exemple montrera combien cette nouvelle définition de la maladie diffère de la première définition que nous avons donnée.

L'espèce de Crucifère désignée par les botanistes sous le nom de *Brassica oleracea* a fourni par la culture trois variétés assez fixes: le chou, le chou-rave et le chou-fleur. Pour nous, le chou-fleur est normalement développé quand ses inflorescences sont bien charnues; le chou-rave, quand ses tiges sont bien renflées; cependant la carnosité des inflorescences dans le chou-fleur et celle de la tige dans le chou-rave ne sont que des monstruosités. Pour nous, le retour du chou-fleur à l'état primitif serait un état maladif. Est-ce que les jardiniers ne regardent pas comme une maladie la tendance qu'ont certaines plantes à *monter en graine?*

Il est évident maintenant qu'il faudra distinguer deux espèces de maladies : les *maladies absolues*, qui mettent en danger la vie de l'individu; et les *maladies relatives*, qui l'empêchent d'atteindre le but que l'homme lui a assigné.

Il est rare que la cause d'une maladie soit unique; en effet, les différents facteurs qui interviennent dans la nutrition des végétaux, dépendent le plus souvent les uns des autres, par exemple: la chaleur, la lumière, l'humidité.

Après avoir prévenu le lecteur, nous croyons qu'il n'y a pas d'inconvénient à classer les maladies d'après leurs causes dominantes et nous aurons à parler :

1° Des maladies *causées par le sol ;*

2° Des maladies *causées par l'atmosphère ;*

3° Des maladies *traumatiques ou causées par des blessures ;*

4° Des maladies *attribuées à des causes diverses autres que les parasites;*

5° Des maladies *causées par les parasites phanérogames ;*

6° Des maladies *causées par les parasites cryptogames.*

CHAPITRE PREMIER.

MALADIES CAUSÉES PAR LE SOL.

Les maladies causées par le sol peuvent tenir simplement à la situation ou à l'exposition; mais le plus souvent elles sont produites soit par le défaut ou l'excès d'humidité et de matières nutritives, soit par une défectuosité de la composition physique ou chimique du sol.

1. LA SITUATION.

1. Exposition au Midi. — L'exposition au midi est la plus chaude, non-seulement parce que dans cette situation le sol reçoit le plus directement les rayons solaires, mais aussi parce qu'il y est à l'abri des vents froids. Toutes les plantes qu'on cultive pour leurs fruits, et qui ont besoin d'une température élevée pour mûrir, s'accommodent mieux d'un sol penché vers le sud ou le sud-ouest; les plantes, au contraire, qu'on cultive pour leur bois ou leurs feuilles, peuvent se contenter de toute autre exposition.

La chaleur précoce que donne l'exposition méridionale n'est cependant pas toujours sans inconvénient : les graines y lèvent de très-bonne heure, et les jeunes plantes sont alors exposées aux gelées printanières ; on fera donc bien de n'y élever que des plantes qui se sèment assez tard pour ne pas être exposées à ce fâcheux accident. Les gelées printanières deviennent un véritable fléau pour les arbres frileux, comme les noyers, exposés au midi. Les noix font souvent défaut aux expositions méridionales, tandis qu'elles réussissent à merveille aux expositions plus froides.

Dans les jardins on peut éviter l'influence des gelées printanières, en retardant artificiellement la végétation. Pour cela, on couvre les plantes avec de la paille ou des feuilles mortes.

II. Pentes abruptes. — Sur les pentes très-escarpées, les pluies d'orage enlèvent la terre et la déposent dans les parties inférieures ; de là dénudation des racines au sommet des versants et enterrement dans les vallées. Certaines espèces, comme les herbes qui habitent les dunes, supportent très-bien un enfouissement presque complet. Quelques arbres, comme le saule, le peuplier, l'*Hippophaë rhamnoïdes*, sont dans le même cas ; ces essences produisent en effet des racines adventives avec une facilité surprenante.

III. Graines trop enterrées. — On enterre les graines pour que les jeunes plantes soient plus solidement fixées au sol, et pour qu'elles soient maintenues bien humides; l'obscurité n'est pas aussi importante qu'on le croit généralement, car beaucoup de graines germent à la lumière aussi bien qu'à l'obscurité. Dans la grande culture, on fait cependant bien d'enterrer les graines un peu plus qu'on ne le ferait dans un jardin, pour soustraire les jeunes plantes à la sécheresse qui se déclare quelquefois au printemps. On sème plus profondément dans le sable, moins dans les terres fortes. Un pouce ou un pouce et demi paraît être une bonne profondeur pour nos céréales.

Il ne faut pas croire qu'en semant profondément on permette aux racines d'aller plus profondément recueillir les matières nutritives du sol. Il n'en est rien : dans nos céréales ce n'est que le deuxième nœud qui fournit les racines durables; de sorte que celles-ci partent de la surface du sol, quelle que soit la profondeur à laquelle on enterre la graine. Les choux semés profondément produisent des racines sur leur axe hypocotylé.

Quand la graine est trop enterrée, elle ne trouve

pas l'oxygène nécessaire pour germer, et elle pourrit.

Tout bien pesé, il faut semer superficiellement toutes les fois qu'on peut régler l'humidité; dans les cas contraires, on doit veiller à ce que les graines ne soient pas plus enterrées qu'il ne faut pour maintenir l'état d'humidité désirable. Les jardiniers ont pour règle de laisser, entre la graine et la surface du sol, une distance égale au plus grand diamètre de la graine. Les grosses graines peuvent être enterrées bien plus profondément.

IV. Plants trop enterrés. — Lors des plantations, on enterre souvent les racines des arbres plus profondément qu'elles ne s'étaient enfoncées naturellement en pépinière. Pour montrer les funestes conséquences des plantations trop profondes, citons les expériences faites par Lardier. Au commencement de novembre, il arracha dans ses pépinières six poiriers d'égale force, et il en planta deux à la même profondeur qu'en pépinière, deux plus profondément de 16 centimètres, et les deux derniers 32 centimètres plus profondément qu'en pépinière. Pendant les deux années suivantes, les deux premiers poiriers poussèrent des branches longues et vigoureuses, tandis que les autres produisirent des pousses faibles et courtes. Alors il déchaussa jusqu'au collet les poiriers trop enterrés et mal venants, et chargea d'une couche de terre épaisse de 32 centimètres les racines des poiriers bien venants, dont le collet était au niveau du sol. L'année suivante, les poiriers déchaussés poussèrent avec vigueur, tandis que les poiriers à racines nouvellement trop enterrées cessèrent de croître. Les années suivantes, M. Lardier ayant continué à chausser et à déchausser alternativement ses poiriers, retrouva les mêmes résultats.

Pénétré des inconvénients des plantations trop profondes, le baron de Manteuffel[1] a préconisé les plantations en butte, qu'il recommande pour toutes les espèces d'arbres. Mais, des expériences de M. d'Arbois de Jubainville, il résulte qu'autant ce mode de plantation est avantageux pour l'épicéa à racines traçantes, autant il est peu à conseiller ordinairement pour les essences à racines-pivotantes, telles que le chêne.

Ce n'est pas seulement dans la culture en pleine terre qu'il est dangereux de trop enterrer les racines; il en est de même dans la culture en pot. Les plantations trop profondes sont funestes surtout aux bruyères et aux épacris. Trop enterrées, leurs racines meurent parce qu'elles ne reçoivent plus assez d'air.

[1] *L'Art de planter*, par le baron de Manteuffel. — 2e édition. J. Rothschild, Éditeur; 1 volume in-18, avec figures.

2. DÉFAUT DE MATIÈRES NUTRITIVES ET D'EAU.

I. Développement général insuffisant. — Lorsqu'un des principes nutritifs indispensables à la plante manque totalement, la graine germe; mais elle produit une plante dont le poids sec est inférieur à celui de la graine, et lorsque celle-ci est épuisée, tout développement s'arrête. Ces plantes malades présentent extérieurement des symptômes caractéristiques pour chacun des éléments qui manque.

Si c'est la potasse qui fait défaut, la fécule qui se forme dans les feuilles s'y accumule passivement, et ne peut s'écouler vers la tige, pour passer de là dans la fleur et le fruit; les feuilles sont épaisses et charnues. Si c'est la chaux qui manque, il se forme constamment de nouvelles feuilles, qui tombent aussitôt qu'elles sont développées.

La quantité de matière sèche développée par un végétal correspond à la quantité de l'élément nutritif qui se trouve en moindre quantité dans le sol; si les autres principes s'y trouvent en surabondance, ils sont absorbés par la plante, mais ils ne sont pas utilisés.

Souvent les fumures restent sans résultat, parce qu'elles amènent des matières qui existaient déjà dans le sol. Parfois il ne manque que de l'eau, qui est doublement utile, d'abord comme aliment et comme dissolvant, et ensuite parce qu'elle change favorablement les propriétés physiques du sol. L'expérience a montré que l'eau est un véritable aliment pour le végétal, aussi bien que la chaux, l'azote ou le phosphore. Jusqu'à un certain maximum, la récolte augmente proportionnellement à la quantité d'eau qu'on amène. Quand l'eau manque, les autres matières ne peuvent pas être absorbées par la plante, faute de dissolvant.

II. Pilosis. — Les plantes qui manquent d'eau paraissent généralement plus velues que celles qui viennent dans un sol très-humide. Cela peut tenir à deux causes différentes :

1° Dans une plante qui souffre de la sécheresse, les cellules sont plus petites, et en supposant qu'il y ait le même nombre de poils que sur une plante en sol humide, les poils seront plus rapprochés et la plante entière aura un aspect plus velu.

2° Il peut y avoir un développement nouveau de poils, de sorte que leur nombre soit réellement supérieur à celui qu'on trouve à l'état normal.

Le *Polygonum persicaria* est tout à fait lisse au

bord de l'eau et velu dans les endroits secs. Le serpolet est velu au bord de la mer.

III. Formation de Piquants. — Sous l'influence du manque d'eau et d'autres aliments, quelques végétaux inermes peuvent développer des aiguillons ou des épines ; et d'autres, qui en possèdent naturellement, peuvent en développer un nombre anormal. Les Pomacées, et surtout les poiriers, donnent un bel exemple de formation d'épines.

IV. Poires pierreuses. — L'alimentation insuffisante produit dans les poires, les coings et les nèfles une autre maladie, qui consiste dans l'apparition au milieu du tissu pulpeux du fruit, de noyaux isolés très-durs. Toutes les variétés de poires ne sont pas également sujettes à cette maladie, et on observe même une différence entre les fruits du même arbre. Dans certaines années, la maladie est moins forte que dans d'autres ; mais sur un sol sec et maigre, les meilleures variétés de poires deviennent pierreuses.

V. Lignification des Racines. — La pauvreté du sol produit souvent la lignification des racines et des tiges de nos légumes; les carottes, par exemple, au lieu d'être tendres, séveuses et sucrées, retournent à leur état primitif, deviennent dures, tenaces, sèches, minces, et se chargent de fécule. Tous les légumes-racines se lignifient à un âge trop avancé.

VI. Nanisme. — Toutes les dimensions sont trop faibles, mais la plante reste proportionnée à la plante normale. On a essayé de produire cet état artificiellement, en enlevant à la jeune plante les cotylédons aussitôt qu'ils s'étaient déployés. Pour obtenir nains les arbustes à fleurs, on les plante dans des pots aussi petits que possible pour limiter leur nutrition, et on en retarde la végétation au printemps en les maintenant dans des caves fraîches et obscures; quand on les porte à l'air libre, au commencement de l'été, ils trouvent moins d'humidité qu'au printemps et un éclairage plus fort; leurs rameaux restent plus courts, et il se forme un plus grand nombre de fleurs.

VII. Pommes de Terre à Rhizomes filiformes. — On a récemment observé, près de Poitiers, une maladie des pommes de terre qui consiste dans l'avortement des yeux. Ces pommes de terre sont très-féculentes; mais quand on les plante, leurs yeux, au lieu de donner des rameaux vigoureux, ne donnent que des fils longs et très-fins.

Cette anomalie provient peut-être du manque

d'eau, non-seulement pendant la germination du tubercule, mais déjà pendant sa formation, l'année précédente.

VIII. Chute des Boutons à Fleurs. — C'est encore une sécheresse trop forte, quoique momentanée, qui produit cet accident si souvent déploré des jardiniers ; les camélias en hiver y sont très-sujets.

IX. Miellat (melligo). — Nous sommes obligés de parler ici d'une maladie connue sous le nom de *miellat* (*melligo*), mais qui est complétement différente de la maladie des céréales qui porte le même nom. Le symptôme le plus frappant est un enduit sirupeux et sucré sur les feuilles, les fleurs et les jeunes rameaux, enduit formant tantôt une espèce de vernis uniforme, tantôt des gouttes jaunâtres et tenaces.

La cause réelle de ce phénomène n'est pas encore connue. Pline croyait que c'était une véritable rosée sucrée, tombant du ciel pendant la canicule, et qui recouvrait non-seulement les végétaux, mais aussi les vêtements des hommes. J. Bauhin observa que seulement certaines espèces présentent ce phénomène. Quand on eut reconnu que les pucerons sécrètent un liquide sucré, on n'a pas manqué de leur attribuer l'enduit sucré des feuilles, et cela avec d'autant plus de vraisemblance que les plantes malades sont ordinairement infestées de pucerons. On a objecté que d'habitude c'est la face supérieure des feuilles qui s'enduit de la matière sucrée, tandis que les pucerons habitent ordinairement la face inférieure des feuilles; mais ces animaux ne peuvent-ils pas lancer au loin leur sécrétion, et couvrir ainsi la face supérieure de toutes les feuilles placées plus bas? On doit à Réaumur une nouvelle opinion qu'il rétracta lui-même plus tard, d'après laquelle la matière sucrée serait produite par un écoulement qui s'effectuerait par les piqûres des pucerons. Cette opinion a été le point de départ de celle qu'on admet généralement aujourd'hui: la matière sucrée est probablement un produit morbide de la plante même, sécrété peu à peu; on l'a observée sur des individus isolés à l'air libre et dans les maisons, non attaqués par les pucerons.

M. Hartig raconte qu'un rosier qui n'était jamais sorti de sa chambre, sécrétait à la face supérieure de ses feuilles des gouttelettes d'un liquide dans lequel le sucre cristallisait sous forme de petits losanges. La couleur verte de la feuille était altérée et tirait sur le gris, changement qui était dû à la destruction de la chlorophylle dans les endroits sécréteurs, et à la formation de gouttes limpides dans les cellules.

Tréviranus observa le miellat sur le peuplier blanc, le tilleul, l'oranger, le *Carduus arctioides;* Lobel, Pena, Tournefort l'ont vu sur l'olivier, plusieurs érables, le noyer, le saule, l'orme et l'épicéa. Tréviranus et Meyen sont convaincus que les gouttelettes sucrées sont sécrétées par l'épiderme.

M. Boussingault et M. Zœller ont fait l'analyse du produit sécrété, et ils ont trouvé 48 à 55 p. 100 de sucre de canne, 28 à 24 p. 100 de sucre interverti, et 22 à 19 p. 100 de dextrine.

En outre M. Zœller a trouvé un peu de mannite. Cette composition est la même que celle de la manne récoltée actuellement par les moines du Mont Sinaï, sur un tamarix piqué par le *Coccus manniparus.* Cette manne renferme, d'après M. Berthelot, 55 p. 100 de sucre de canne et 25 p. 100 de sucre interverti.

La cause première n'est pas connue ; il est probable qu'elle tient au sol, ou spécialement à chaque plante, car au milieu de plantes malades on en trouve souvent qui restent parfaitement saines. M. Hallier croit que tous les symptômes de la maladie sont précédés d'une altération ou d'une blessure des racines [1].

[1] On peut consulter, comme se rapportant à ce sujet, les observations faites par MM. Rivière et Roze sur le développement du miellat, et desquelles il semble résulter que cette matière sucrée est un produit excrété par certains *Aphis*, *Coccus* ou *Chermes*. (*Bulletin de la Société botanique de France*, 1867, t. XIV, p. 12 à 21.)

X. Altération de la Couleur des Feuilles. — *a*) La *chlorose* ou coloration jaune pâle est due à un éclairage insuffisant. Les jardiniers tirent parti de ce phénomène pour produire des salades tendres et blanches, en les liant ou en les couvrant.

b) L'*ictère* ou jaunisse. Les feuilles perdent, au milieu de la végétation la plus active, leur couleur verte; elles jaunissent, mais sans tomber avant les feuilles saines. La maladie s'observe souvent sur les sols qui sont imbibés d'eaux stagnantes, ou bien sur les sols pierreux lorsque les arbres sont affaiblis par l'âge, soit lorsque l'été est froid, soit lorsqu'il est très-sec et la lumière très-intense.

L'une des causes de l'ictère a été fixée par l'expérience : c'est l'absence du fer. Les feuilles ictériques, mouillées avec une solution de sulfate de fer, redeviennent vertes à la lumière. Eus. et Arth. Gris ont pu ainsi reproduire en vert des figures qu'ils avaient tracées sur les feuilles.

Toutes les plantes élevées dans des solutions nutritives dépourvues de fer, sont ictériques; quand on leur donne ensuite du fer, elles deviennent vertes.

L'un des cas les plus importants est l'*ictère de la vigne*. Les feuilles jaunissent pendant l'été et brunissent ensuite; la maladie peut s'arrêter là; les grappes restent petites, les grains se ratatinent et tombent; mais souvent, par les progrès de la maladie, le bois meurt, et toute la plante est en danger. La cause de la maladie est un trouble dans l'absorption des matières minérales, quoique le sol ait une composition normale. L'analyse des feuilles et des tiges de plantes saines et de plantes malades a montré que ces dernières contiennent moitié moins de potasse, mais plus de chaux et de magnésie; en arrosant avec du purin riche en potasse, on arrive à guérir complétement la maladie, ou tout au moins à en diminuer beaucoup la gravité.

c) L'*albication* consiste dans l'apparition de taches blanches, de forme variable, arrondies, allongées, linéaires, ou formant une zone continue le long du bord de la feuille. La nuance des taches varie du blanc le plus pur au jaune et au rouge (coloration, chromatisme).

Cette anomalie héréditaire est très-recherchée.

L'exemple le plus connu est donné par le *Phalaris arundinacea* L., *Phalaris picta* L., qui présente entre ses nervures des bandes alternativement vertes et blanches. Le *Negundo fraxinifolia* a souvent des feuilles entièrement blanches.

Parmi les Aroïdées, le *Richardia* (Calla) *æthiopica* a souvent des feuilles aussi blanches que sa spathe; les *Caladium* ont souvent, les uns, des taches blanches; d'autres, des taches blanches et rouges; d'autres enfin, des taches rouges.

On ne sait pas jusqu'à présent si l'albication est réellement un phénomène pathologique.

d) La *coloration automnale* des feuilles est tout à fait normale; elle est une des phases du développement de l'organe. A la coloration automnale se rattache ensuite la *coloration hivernale*.

Le changement de couleur est souvent une simple *décoloration;* les feuilles pâlissent plus ou moins, tout en restant vertes; d'autres fois, il se développe une matière colorante rouge ou brune. Nous parlerons plus loin de la coloration hivernale, à propos des influences atmosphériques.

XI. Fleurs stérilisées chez les Céréales par la Sécheresse. — Cette maladie, qui consiste en ce que les céréales ne développent pas leurs grains, est due à l'insuffisance de l'alimentation aqueuse. D'après M. Hellriegel, le manque d'eau ne cause cependant pas toujours cette maladie; elle dépend de l'état de développement où se trouve la plante au moment où cesse l'alimentation aqueuse.

Lorsqu'une plante n'a qu'une faible quantité d'eau dès sa jeunesse, ses organes se développent faiblement mais normalement, c'est-à-dire que le rapport entre le poids sec des grains et celui de la plante est le même que dans les circonstances plus favorables. Lorsque l'eau vient à manquer après la germination, les graines restent longtemps en vie (six semaines dans des essais), et se développent ensuite rapidement, quand on donne aux plantes une grande quantité d'eau.

L'influence de la sécheresse est encore moins nuisible quand les grains ont atteint leur développement complet, mais qu'ils sont encore remplis d'une matière laiteuse; à cette époque, la plante ne fabrique plus de matériaux nouveaux : elle se borne à transporter et à transformer ceux qui existent déjà dans ses organes.

A toutes les autres périodes situées entre la germination et la maturation, la sécheresse est plus nuisible, et les suites en sont d'autant plus à craindre, que la plante est plus jeune et qu'elle a été plus copieusement arrosée dans sa jeunesse; dans ce cas, les ovaires ne se développent pas, et la récolte est nulle.

XII. Dessiccation prématurée des Feuilles. — Sur les sols superficiels, à sous-sol rocheux, on voit souvent, par un temps sec, les feuilles des arbres et des arbustes se dessécher complétement au milieu de l'été. On croyait que le tort causé par cet accident se réduisait simplement à une faible formation de bois; mais M. Kraus a montré récemment qu'il y a une très-forte perte de substance ; en effet, ces feuilles abandonnent bien leur amidon au tronc, mais toutes les matières azotées et les phosphates restent dans la feuille sèche, qui diffère donc notablement, par sa composition chimique, des feuilles tombées en automne. Physiquement, on peut reconnaître ces feuilles, parce qu'elles restent attachées à la plante, même durant tout l'hiver.

XIII. Maturation précoce des Fruits. — En 1862, les fruits d'été ont mûri huit à quinze jours plus tôt que d'ordinaire, mais ils ne se sont pas conservés comme les autres années. Les fruits d'hiver, au contraire, étaient moins juteux et moins bons ; ils ont mûri plus tard et se sont bien conservés.

Ces cas sont très-compliqués et on ne peut pas donner de médication générale ; les remèdes doivent être différents pour chaque cas ; tantôt il faudra avoir recours à une irrigation artificielle, tantôt il faudra changer la composition physique du sol.

XIV. Arbres morts à la suite d'un Défrichement voisin. — A la suite d'un défrichement considérable qui porta sur la partie sud du bois de Wallers, exploité en taillis sous futaie aux environs de Valenciennes, tous les chênes pédonculés qui formaient la futaie périrent sur la lisière sud du bois restant, jusqu'à une vingtaine de mètres de cette lisière. Environ cinq cents chênes périrent ainsi. Avant le défrichement, le sol était très-humide, et ces chênes n'y enfonçaient leurs racines qu'à environ 60 centimètres. Après le défrichement, le sol devint sec sur la lisière, et les racines n'ayant pas la profondeur double, atteinte ordinairement par le chêne pédonculé en sol sec, ne purent fournir à ce chêne l'eau dont il fait une grande consommation. Ainsi c'est de soif qu'ont péri les chênes en question. Pour atténuer les dangers du défrichement en pareil cas, il est prudent de ne pas employer de fossés, mais seulement des bornes, pour faire une délimitation entre le bois restant et la partie défrichée, surtout lorsque celle-ci est au sud du bois.

3. EXCÈS DE MATIÈRES NUTRITIVES ET D'EAU.

Quelque singulier qu'il puisse paraître de parler, parmi les causes de maladie, d'un excès de matières nutritives et d'eau, il faut appeler l'attention sur ce point, parce que, pour diverses plantes, il est la cause de quelques modes de développement qui ne répondent pas du tout au but de la culture.

Ici, comme dans les maladies causées par le défaut

de matières nutritives, on ne peut pas séparer l'eau des autres matières nutritives, d'abord parce que l'eau est elle-même un aliment, et ensuite parce qu'elle est le dissolvant des matières nutritives solides.

I. Fumure trop abondante. — Grâce aux urines des animaux, il y a des endroits dans les prairies, où l'herbe se distingue par ses feuilles bien plus développées; ces plantes contiennent presque deux fois plus de matières protéiques que les autres, et environ un quart en moins d'hydrates de carbone; elles renferment en même temps plus d'alcalis, de magnésie et d'acide sulfurique.

Malgré leur volume, elles persistent dans un état trop juvénile, et causeraient plus de tort que de profit, si ces places trop fortement fumées s'étendaient loin.

Quand ces plantes ont le temps de mûrir complétement, elles peuvent donner une très-bonne récolte; pour cela, il faut que tout leur développement ait lieu au printemps et que l'action du fumier ne soit que passagère. En général, le développement des organes végétatifs remplit malheureusement toute la bonne saison, et recule la maturation jusqu'à une époque où la chaleur et la lumière sont insuffisantes pour mûrir les fruits.

Les fumures exagérées sont même une cause de stérilité.

C'est un fait qu'on observe souvent dans la culture du fraisier qui, après avoir porté beaucoup de fruits, cesse subitement de fructifier si on le transporte dans un sol trop fumé. Il en est de même pour les céréales qu'on cultive pour leur grain, le blé par exemple; pour la pomme de terre, qui produirait alors une quantité de feuilles, mais pas de tubercules ; et pour les arbres fruitiers qui se chargeraient alors de gourmands.

II. Frisolée ou Maladie frisée de la Pomme de Terre. — On peut également attribuer cette maladie aux trop fortes fumures. Elle apparut d'abord en Angleterre en 1770, puis en Allemagne en 1776.

Les feuilles se décolorent, le rachis se recourbe vers la base ou s'enroule complétement, les folioles sont pliées, frisées et couvertes de taches brunes allongées ; les taches s'étendent en grandissant, jusqu'au rachis et à la tige. Le mal, d'abord superficiel, pénètre à l'intérieur et jusqu'à la moelle dans la tige. Celle-ci devient cassante. Il se forme une grande quantité de sucre dans les cellules malades (*Schacht*). Le tubercule ne se développe point ou très-peu.

On avait pris cette maladie pour la dégénérescence du tubercule, par une trop longue reproduction sans acte sexuel ; mais l'expérience a montré qu'il n'en est rien, et que les jeunes plantes élevées de graine étaient aussi gravement atteintes que les autres.

La maladie fait son apparition après plusieurs jours de pluie aux mois de juin et de juillet. Cette circonstance fait admettre qu'une solution trop nutritive n'a pas été suffisamment élaborée par la plante.

S'il est vrai qu'on ne peut pas cultiver la pomme de terre sans fumure, il faudra se servir d'un fumier bien décomposé, et planter les pommes de terre dans des terres légères ou parfaitement drainées, situées à une certaine hauteur.

III. Germination des Pommes de Terre avant leur Récolte. — Une autre maladie, qui se présente même quand il n'y a pas excès de fumure, consiste dans la germination des tubercules attachés encore à la plante-mère, et produisant alors tantôt des rameaux allongés et feuillus, tantôt de nouveaux petits tubercules. On sait que cette plante, après avoir bien développé ses feuilles et fabriqué une certaine quantité de principes immédiats, développe ses rameaux souterrains et les transforme en tubercules où elle entasse des matières féculentes. Plus la saison est sèche, plus le tubercule mûrit rapidement. Si, après la maturité, il survient une période d'humidité, les yeux partent et produisent de jeunes rameaux. Ceux-ci s'allongent et portent des feuilles lorsque l'humidité persiste, mais ils forment de petits tubercules lorsqu'il y a des périodes alternativement sèches ou humides.

Quand le tubercule mûrit, ses parois cellulaires perdent le pouvoir de grandir, et c'est peut-être pour cette raison que l'humidité fait partir les yeux au lieu de faire grossir le tubercule.

L'épiderme subéreux qui revêt la pomme de terre, se crevasse souvent par le grossissement du tubercule; plus cet épiderme est écailleux et fendillé, plus le tubercule est féculent.

Quand le tubercule germe, il perd de sa fécule, et celle-ci est complétement perdue s'il ne se produit que des rameaux feuillus. Le mal est moins grand lorsqu'il se forme de petits tubercules secondaires; l'ensemble du tubercule primitif et des petits tubercules ne contient pas plus de fécule que le seul gros tubercule qui a servi de point de départ, à moins que les feuilles persistent encore et puissent fournir de la fécule nouvelle.

IV. Rhytidome de la Pomme de Terre. — L'humidité produit encore sur les pommes de terre un trop fort développement de l'enveloppe subéreuse;

ses cellules s'enflent, et il s'en forme constamment de nouvelles au-dessous des anciennes, qui sont repoussées vers l'extérieur. Quand cette production subéreuse pénètre très-profondément, il y a une grande perte de substance. Outre l'eau, les fumures azotées et l'oxyde de fer paraissent favoriser le développement de cette maladie. Pour l'eau, M. Nobbe l'a démontré : les tubercules élevés dans l'eau se couvrent de fortes lenticelles subéreuses, qui n'existent pas sur ceux développés au contact de l'air.

V. Fruits crevassés. Racines et Tiges crevassées. — L'arrivée subite d'une grande quantité d'eau après une sécheresse plus ou moins prolongée, fait éclater les racines, les tiges et les fruits charnus. Cet accident est très-connu dans les choux-raves, les carottes et les racines du persil. Il résulte de ce que les parties extérieures ne peuvent suivre le développement des parties intérieures.

En repiquant un plant de persil dans l'eau, on voit que toute la racine qui plonge dans l'eau est crevassée au bout du troisième jour.

VI. Formation prématurée des Graines. — Une conséquence bien désagréable de l'humidité, c'est le phénomène qu'on désigne sous le nom de « monter en graine», et qui consiste dans le développement de la fleur, dès la première année, sur des plantes bisannuelles cultivées. Les carottes, les navets, les raves, le céleri, etc., sont dans ce cas. Dans ces plantes, la racine, réservoir des matières nutritives, mûrit sous l'influence de la chaleur ; ses parois cellulaires s'épaississent et perdent la faculté de s'accroître : nous avons alors un phénomène analogue à celui que nous avons décrit plus haut pour les tubercules des pommes de terre ; si le temps devient humide, la racine donne naissance à la hampe florale, aux dépens de ses propres matières nutritives. On fait bien d'enlever promptement les plantes qui montent en graine ; au commencement, la racine peut encore servir. Les racines des plantes montées en graine pourrissent bien plus facilement que les autres.

VII. Hypertrophie des Racines. — La nutrition très-riche produit souvent des racines charnues et succulentes, sur des plantes qui n'en possèdent pas généralement. Quelques oxalis cultivés dans les jardins sont sujets au renflement des racines. Ce phénomène est moins connu chez les jacinthes ; leurs oignons sont alors petits, mais de forme normale ; une ou deux de leurs racines se sont renflées en cylindres transparents, ridés par endroits, longs d'environ 9 centimètres, et d'un diamètre de 8 millimètres. Ces racines anormales ne renferment pas de fécule, tandis que les oignons en sont remplis. La petitesse de l'oignon est probablement en rapport avec le développement des racines ; l'hypertrophie de celles-ci entraîne l'atrophie de l'oignon.

VIII. Gourmands. — Quand le sol contient trop d'eau, et notamment quand à une certaine profondeur il y a une couche imperméable (souvent formée par du sable agglutiné et ferrugineux), les arbres, surtout les arbres fruitiers abîmés par la taille, produisent des rameaux verticaux, très-allongés, portant des feuilles très-écartées. Ce sont souvent les troncs couverts de lichens, qui produisent ces gourmands.

Comme ces rameaux montent verticalement, ils entrent dans la couronne de l'arbre, et produisent du bois stérile là où on n'en voudrait pas, pour que l'air et la lumière pussent y pénétrer. Il n'est pas opportun d'enlever ces gourmands quand on ne peut supprimer en même temps la cause qui les a produits.

C'est évidemment la poussée trop forte de la sève qui produit ces rameaux, dont la direction ne s'écarte pas beaucoup de la ligne de la plus forte nutrition. Les jardiniers savent par expérience que la nutrition est bien plus active suivant la verticale que suivant l'horizontale : en effet, quand sur un arbre fruitier en espalier il y a des branches horizontales qui restent plus faibles que les branches symétriques de l'autre côté, ils redressent pour une année les plus faibles, afin qu'elles se fortifient et grossissent.

Nous avons dit qu'il est imprudent d'enlever ces branches verticales, parce qu'il en résulterait une dangereuse rupture d'équilibre dans la nutrition des plantes. Les vieux arbres chargés de gourmands peuvent être rajeunis par leur greffe avec des variétés précieuses, et l'ablation des vieilles branches. Les très-jeunes sujets doivent être transplantés. Dans les autres cas, il faut ou bien corriger le sol, ou bien donner aux racines une position horizontale, et fumer la terre à une distance plus ou moins grande du pied de l'arbre.

IX. Hydropisie. — L'hydropisie, qui conduit à la mort au bout d'un petit nombre d'années, est causée par les eaux stagnantes; les feuilles tombent déjà en été, toutes vertes et saines en apparence ; les fruits noués grossissent, mais ils restent sans goût et pourrissent avant d'être complétement mûrs; les jeunes pousses restent molles, et une partie entrent en putréfaction pendant l'hiver.

Le seul remède à employer, c'est une taille très-forte, appliquée à la couronne et aux racines, et la translation dans un autre sol.

Dans d'autres cas, on observe un dépérissement lent, et accompagné de divers phénomènes de liquéfaction (écoulement de séve). La gomme, la résine et le chancre appartiennent à cette série de maladies; mais nous en parlerons dans un chapitre spécial, à cause des tissus morbides particuliers qui s'y rattachent.

X. Pourriture cellulaire. — Beaucoup de tissus mous, comme ceux des pommes de terre, des raves et des carottes, sont sujets à pourrir partiellement, soit dans la terre, soit dans les endroits où on les conserve. La décomposition est ordinairement accompagnée de moisissures, qui ne sont que la suite et non la cause du mal. Il faut probablement en imputer la cause première, soit à un sol qui ne convient pas à la plante, soit à l'influence d'une culture mal dirigée. Dans les betteraves, on a observé de l'amidon à la place de sucre dans les cellules correspondant aux taches pourries.

XI. Fasciation. — A la place d'une tige cylindrique, on trouve une tige dilatée en forme de ruban; les feuilles sont normales, mais plus nombreuses et dérangées de leur position ordinaire; lorsque ces tiges portent des fleurs, celles-ci forment une crête continue. La fasciation persiste pendant plusieurs années, elle peut même se transmettre assez fidèlement par bouture et par semis; le *Celosia cristata* ou crête de coq en est un curieux exemple. Cette monstruosité a une certaine valeur décorative, et elle est devenue un article de commerce. On connaît au moins 150 plantes qui présentent la fasciation. Depuis quelques années, elle a été remarquée avec une fréquence extraordinaire dans les cultures d'asperges, à Argenteuil. On ne sait pas encore la produire à volonté, mais il paraît que l'ablation du sommet offre quelques chances de succès.

Quand on veut détruire la fasciation, il faut enlever toute la partie qui en est affectée; il se développe alors un bourgeon latéral qui prend la place du bourgeon terminal.

XII. Frondescence. — Une nutrition très-riche et l'augmentation subite de l'eau, après un trouble quelconque dans le développement d'une plante, peuvent devenir la cause de diverses autres monstruosités, que nous réunissons sous le nom de *frondescence (frondescentia)*, et qui se caractérisent par la production exagérée d'organes foliacés verts, aux dépens des organes reproducteurs. Ordinairement il se développe des feuilles à la place des organes floraux; cette anomalie porte le nom de *métamorphose régressive.*

a) Le premier degré de cette métamorphose, par laquelle l'organe floral revient pour ainsi dire à sa nature première, est la *virescence* ou verdissement, sans changement de forme.

b) Dans la véritable *frondescence*, appelée aussi *phyllodie* ou *phyllomorphie*, les organes floraux sont complétement remplacés par de véritables feuilles. Dans le cas le plus simple, les bractées peuvent être remplacées par des feuilles (plantain, *Centaurea Jacea* L., *Ajuga reptans* L.); dans plusieurs Composées, tout l'involucre est alors formé par de véritables feuilles (*Bellis perennis* L., *Taraxacum officinale* Web.) Dans le dahlia, on a trouvé des feuilles à la place des écailles qui hérissent la surface du réceptacle. Dans nos Ombellifères, les folioles des involucres sont souvent remplacées par de véritables feuilles (*Carum Carvi* L., *Angelica silvestris* L., *Daucus Carota* L.). Le même phénomène se présente dans le houblon, les saules, les inflorescences mâles du noyer et les inflorescences femelles de l'aune. La grande spathe de l'*Arum maculatum* L. est souvent remplacée par une feuille pétiolée. Enfin, dans les *Araucaria*, *Podocarpus* et *Cupressus*, les écailles des chatons mâles prennent quelquefois l'aspect de feuilles.

Pour le calice, cette monstruosité est tellement fréquente dans nos roses, nos fuchsias, nos renoncules, qu'il est inutile d'insister sur ce sujet.

Elle est beaucoup plus rare dans la corolle, et là il faut d'abord examiner si on a affaire à un simple verdissement, ou à un verdissement avec changement de structure.

Il y a souvent simple verdissement de la corolle avec conservation de la structure propre, dans le *Verbascum nigrum* L., le *Lonicera Periclymenum* L., et la capucine.

La transformation des étamines *seules* en feuilles est très-rare ; mais on les trouve très-souvent transformées en même temps que les pistils ; le cerisier à fleurs doubles en est un très-bel exemple. Les tulipes élevées dans un sol gras, montrent la mêms métamorphose. Les anémones et les renoncules doubles ont souvent un cœur vert, qui porte des carpelles ouverts. Dans les fleurs de la carotte et d'autres Ombellifères, tout le pistil est souvent foliacé ; il se détache alors du calice et devient supère.

Quelques jardiniers prétendent que ces phénomènes se produisent souvent, quand des fleurs demi-pleines ont été fécondées par le pollen de fleurs de même nature.

Les ovules eux-mêmes sont souvent transformés en feuilles.

Lorsque la frondescence, au lieu de n'affecter qu'un ou deux verticilles de la fleur, les affecte tous à la fois, nous avons ce qu'on appelle la *chloranthie*. On cultivait beaucoup, il y a quelque temps, une rose qui était dans ce cas; aujourd'hui elle est devenue plus rare.

c) En même temps qu'ils se colorent en vert, les verticilles de la fleur peuvent se séparer les uns des autres par l'allongement des entre-nœuds.

d) Le cas le plus parfait de la frondescence des diverses parties de la fleur consiste dans la formation de bourgeons qui occupent des places anormales. Quand un de ces bourgeons se trouve au centre de la fleur, celle-ci est, pour ainsi dire, traversée par l'axe (diaphyse). Ils peuvent également se développer dans les aisselles des parties de la fleur (ecblastèse). La formation de bulbes à la place de fleurs est un phénomène de même nature, et assez fréquent chez les *Allium*, *Lilium*, *Saxifraga*, *Gesneria*, *Achimenes*, etc.

On a quelquefois essayé de reproduire certaines espèces, en plantant des parties d'inflorescence. Ainsi l'inflorescence de la primevère de Chine, coupée au-dessous du nœud d'où partent les pédoncules, peut être traitée comme une bouture et s'enracine facilement, surtout si on a eu soin d'enlever les fleurs aussitôt après leur épanouissement. Pour multiplier la même plante, M. Cramer s'est servi des bourgeons axillaires qui étaient venus dans les aisselles des carpelles. Les fruits même peuvent servir de bouture, comme l'a montré M. Trécul pour un cactus. Nous parlons ici de tous ces modes de multiplication, pour que les jardiniers qui voudront conserver et perpétuer une forme tératologique, puissent se servir de tous les moyens possibles.

Quant à la cause de toutes les frondescences, elle paraît être unique à savoir : le concours de circonstances telles, après l'ébauche des fleurs, que la masse des feuilles n'est plus en rapport avec la masse des matières nutritives absorbées par les racines.

Ce cas peut se présenter de deux manières différentes. Ou la plante reçoit subitement une grande quantité de matières azotées, apportées, soit par les eaux pluviales, soit directement par les fumures ; si jusque-là elle s'était développée faiblement à cause de la sécheresse, et qu'elle se disposât à fleurir, elle transforme facilement ses organes floraux en feuilles destinées à assimiler. Ou bien la plante a été blessée dans ses parties aériennes par les insectes, par la faux, etc., pendant une période de sécheresse ; de nouveaux bourgeons se sont faiblement développés et tendent à se terminer par des fleurs ; si la pluie survient et amène à la plante de grandes quantités de matières nutritives, celle-ci cherchera à développer autant que possible ses feuilles, et pourra même transformer ses fleurs en rosettes de feuilles.

Un champignon ou un puceron qui attaque les

feuilles, peut produire le même effet sans le concours de ces circonstances atmosphériques, comme on le voit souvent sur le houblon, dont les chatons femelles peuvent alors métamorphoser leurs écailles en feuilles pétiolées.

Voici en deux mots le fond commun de tous ces cas compliqués : l'ensemble des feuilles, après le commencement du développement des fleurs, ne suffit plus à l'assimilation de la plante.

4. MAUVAISE COMPOSITION PHYSIQUE DU SOL.

La composition physique du milieu dans lequel vivent les racines, exerce une influence semblable à celles que nous venons d'étudier ; elle les accompagne en les modifiant de diverses manières. Le développement des racines et leur fonctionnement s'opèrent mieux dans un sol meuble et chaud que dans un sol compacte, aqueux et froid. La même quantité de pluie qui serait un bienfait dans le premier cas, pourrait devenir funeste dans l'autre. L'eau jouera encore une fois un rôle très-important, et si nous avons séparé ces maladies des précédentes, c'est parce qu'elles ne dépendent pas de la composition chimique de l'eau qui est absorbée, mais des conditions physiques du sol.

I. Asphyxie des Semences et des Racines. — L'asphyxie des semences résulte d'une trop grande quantité d'eau dans les terres fortes, surtout lorsque les graines ont été trop enterrées. Lorsque l'eau remplit les interstices que laissent entre elles les particules de terre, l'oxygène ne peut pas pénétrer jusqu'à la graine, la germination ne peut pas avoir lieu, et la graine pourrit. La formation d'une croûte à la surface d'un sol argileux et sableux, à la suite d'une forte pluie, peut amener le même résultat.

Lorsque la plante est déjà plus développée, la maladie consiste dans la pourriture des racines qui restent trop longtemps en contact avec des eaux stagnantes. Les racines supportent très-bien un séjour assez prolongé dans l'eau courante, ou dans l'eau tranquille dépourvue de matières organiques mortes; les cultures dans l'eau, dont on se sert si souvent aujourd'hui dans les laboratoires, en sont un exemple. Les matières organiques en voie de décomposition enlèvent à l'eau tout son oxygène, et lui substituent l'acide carbonique, double cause de destruction pour la plante vivante.

Il paraît que le seigle est particulièrement sujet à cette maladie. Le colza l'est plus que toute autre plante; ses racines pourrissent alors du sommet à la base, de sorte qu'au printemps il ne reste que le collet et la rosette de feuilles qui aient bonne mine en apparence, aussi longtemps que l'atmosphère reste humide. Bientôt les plants brunissent, et on peut les arracher en les tenant par une seule feuille. Le meilleur remède est le drainage, ou au moins l'établissement de fossés d'écoulement qui abaissent le niveau de l'eau. Ces fossés doivent souvent être très-profonds, parce que beaucoup de Papilionacées, comme la luzerne, périssent dès que leurs longues racines rencontrent l'eau.

La même maladie se montre aussi sur les plantes cultivées en pots, surtout quand on emploie de la terre argileuse, lorsque le trou de drainage est bouché et que les arrosages sont trop copieux.

On peut reconnaître immédiatement la terre aigrie, à son odeur caractéristique, qui résulte probablement d'une décomposition particulière des matières organiques. Les sels de fer au maximum sont souvent réduits; or les sels de fer au minimum sont nuisibles aux plantes. L'eau chargée d'acide carbonique suffit déjà à elle seule pour expliquer la mort des plantes qu'on y cultive. Quand on plonge les racines d'une plante dans de l'eau chargée d'acide carbonique, ses parties aériennes dégagent beaucoup moins d'acide carbonique, les feuilles se fanent et meurent; quand on les transporte alors dans de l'eau distillée, elles reprennent leur aspect normal.

Il arrive quelquefois dans les serres, surtout en automne quand on vient de rentrer les plantes délicates, qu'on trouve, le matin, un certain nombre de plantes fanées Le jardinier, croyant que c'est faute d'eau, les arrose; les feuilles se relèvent, mais elles sont encore fanées le lendemain; si le jardinier imprudent continue à les arroser, les plantes sont perdues, leurs racines pourrissent. La première fanaison est simplement due à la fraîcheur du sol et non au manque d'eau; nous savons en effet qu'il faut une certaine température pour que les racines fonctionnent: le tabac et le potiron se fanent entre 3° et 5° C., tandis qu'ils reviennent à leur état normal quand on élève la température vers 12° à 18° C.

Une autre cause de fanaison se présente au milieu de l'été, quand les parties aériennes sont exposées au soleil; l'évaporation est alors tellement active, que l'eau dégagée ne peut pas être remplacée par l'absorption des racines, quoique celle-ci soit également augmentée par l'élévation de la température. Les arrosages sont aussi inutiles dans ce cas que dans le précédent. Ils deviennent dangereux quand ils sont trop copieux ou trop fréquents, ou que le pot est bouché.

Il arrive quelquefois dans la culture des *Erica* et des *Epacris*, quand la terre de bruyère contient beaucoup de fibrilles de nature végétale, que le sable est enlevé par l'eau et se dépose au fond du pot, tandis que la surface ne consiste plus qu'en fibrilles et sèche très-vite; le jardinier doit se tenir en garde contre cette sécheresse apparente.

Le remède à employer quand le mal n'est pas trop avancé, est le rempotage et la résection des racines atteintes; on porte alors la plante dans un endroit dont le sol est chauffé artificiellement, et on la recouvre d'une cloche pour modérer l'évaporation.

Outre le drainage parfait, pour éviter la maladie on recommande d'enterrer les pots; mais il faut faire les trous avec un pieu ou un cône de bois dont le gros bout soit aussi large que le pot, de sorte que celui-ci soit pour ainsi dire suspendu dans le trou, et qu'il y ait au-dessous un espace vide qui empêche les vers d'entrer dans le pot et aussi le trou de se boucher.

Quant aux plantes d'appartement, un peu d'attention suffit pour éviter cet accident; lorsqu'on frappe sur le pot, le son est creux si la terre est sèche; si la terre est complétement imbibée, le son que rend le pot est celui que rendrait une masse compacte.

II. Pourriture des Semis. — Quelque utile que soit la neige en hiver, comme couverture poreuse et mauvaise conductrice, elle peut devenir très-nuisible au printemps quand elle persiste longtemps, et qu'il s'est formé à sa surface une croûte de glace qui empêche l'accès de l'air; les jeunes plantes étouffent et pourrissent. Quelquefois les plantes cherchent à se sauver en développant des bourgeons latéraux; mais bientôt ceux-ci succombent aussi à la pourriture.

Quand le développement des céréales, trop rapide en automne, fait craindre la pourriture pour le printemps suivant, on fait bien d'y faire paître le bétail, par un temps sec.

On se sert des expressions de « terre chaude », « terre fraîche », pour désigner des terres qui s'échauffent plus ou moins facilement au soleil; plus une terre est foncée et plus elle s'échauffe. On a constaté, entre deux terres de même composition, mais dont l'une était noircie par du noir de fumée et l'autre blanchie par de la magnésie, une différence de 7° C. en faveur de la terre noire.

La couleur étant la même, la chaleur de la terre dépend de l'eau qu'elle contient. Pour élever de la même température deux volumes égaux, l'un d'eau et l'autre de terre, il faut pour l'eau quatre fois plus de calorique que pour la terre, abstraction faite de l'évaporation de l'eau qui enlève du calorique à l'état latent, circonstance qui exagère encore la différence; il est donc évident que la terre humide est fraîche.

L'influence de l'eau est plus considérable que celle de la couleur, de sorte que la terre foncée fraîche s'échauffe moins que la terre claire sèche. Enfin on a remarqué encore une relation directe entre la chaleur du sol et sa densité.

A toutes ces considérations il faut ajouter la décomposition des matières organiques contenues dans le sol, laquelle est une source de chaleur très-appréciable.

III. Semis déchaussés. — Quand le temps est inconstant en hiver, et que les jours humides sont suivis de fortes gelées, on voit au premier printemps une multitude de jeunes plants, à la surface du sol, les racines dénudées; quelques-uns tiennent encore à la terre et végètent misérablement, tandis que beaucoup d'autres sont complétement arrachés et sont condamnés à sécher au soleil et au vent.

L'explication de ce phénomène est bien simple : le sol alors est détrempé; puis son eau gèle, en soulevant les couches supérieures, et avec elles les jeunes plants. Au dégel, la terre reprend sa position primitive, mais les jeunes plants restent à la surface du sol. Quand le mal est fait, il faut passer le rouleau sur la terre; les plants appliqués étroitement sur le sol donnent naissance, par leurs nœuds inférieurs, à de nombreuses racines adventives.

Ce déchaussement peut être évité, ou par le drainage, ou en recouvrant la surface du sol avec du sable, ou bien en buttant les plants par lignes. En semant de bonne heure, on obtient aussi des racines plus longues et plus solides.

IV. Gelée. — Quand les plantes sont venues dans un sol humide, elles sont plus développées, mais elles mûrissent moins, et par conséquent elles résistent moins bien aux gelées; tandis que celles qui poussent dans un sol sec résistent parfaitement. Si le froid arrive progressivement, la plante peut se préparer peu à peu au repos hivernal; mais s'il vient subitement, il peut causer des ravages considérables. Quand on sème de bonne heure, les plantes sont plus mûres à l'entrée de l'hiver, et elles résistent mieux; celles qui ont été semées à la machine résistent mieux que celles qui ont été semées à la volée.

On observe des phénomènes analogues dans les pépinières établies sur une terre forte. Les poiriers y gèlent souvent après les étés humides; tandis que ceux qui habitent un sol sableux, traversent l'hiver sans encombre : dans le premier cas, l'arbre a donné naissance, jusqu'à la fin de l'arrière-saison, à des rameaux portant des feuilles de plus en plus petites. Le jardinier qui prévoit l'accident, auquel il faut s'attendre, tord les sommités des pousses pour arrêter leur croissance. Le drainage est suivi de succès dans ce cas; on ne sait pas si les abris sont utiles; le vent, par un temps chaud, produit de bons effets en augmentant l'évaporation et en diminuant la quantité d'eau contenue dans l'arbre.

CHAPITRE II.

INFLUENCES ATMOSPHÉRIQUES NUISIBLES.

1. MANQUE DE CHALEUR.

Plus encore que de la température du sol, la plante dépend de la température de l'air. Celle-ci éveille la vie des végétaux bien avant que le sol ait pu suivre les oscillations de la température extérieure; qu'on pense aux vignes plantées en pleine terre et conduites à l'intérieur d'une serre, où elles fleurissent souvent, alors que les racines sont encore entourées de glace. Toutes les parties des plantes ne sont pas capables de prendre part aussi rapidement aux élévations de la température : les tiges grêles offrent presque toujours la même température que l'air ambiant, tandis que les gros troncs sont bien plus lents à s'échauffer, car le tissu végétal est très-mauvais conducteur de la chaleur. Inversement les gros troncs se refroidissent très-lentement; de sorte qu'ils sont plus chauds que l'air pendant la nuit, et plus froids pendant le jour. Les parties faibles des végétaux, suspendues dans l'air, comme les feuilles, ont une température nocturne inférieure à celle de l'air ambiant, à cause du rayonnement et de l'évaporation. Pendant les nuits claires, le thermomètre marque une température plus basse au milieu des herbes d'une prairie que dans l'air. Pour chaque plante, il y a des températures maxima et minima entre lesquelles elle vit normalement, mais au delà desquelles ses fonctions s'arrêtent. Le haricot d'Espagne, le maïs, le colza, ne se colorent en vert qu'à une température de 6° C., et le *Pinus pinea* à 7°.

Le potamogeton ne commence à décomposer l'acide carbonique qu'entre 10° et 15°; le mélèze, entre 0,5 et 2,5°; et les graminées des prairies, entre 1,5 et 3,5°. Les mouvements de la sensitive ne se produisent qu'au delà de 15°.

Les températures minima ont beaucoup plus d'importance que les maxima; entre les deux se trouve une température à laquelle les fonctions vitales s'accomplissent le mieux : c'est ce qu'on appelle la *température optima*.

1. Gelée. — Quand on dit qu'une plante gèle, on ne veut indiquer nullement que sa température est inférieure à celle de la glace fondante; les *Anœcochilus*, le *Begonia Trwaitesii,* périssent quand ils sont exposés pendant quelque temps à une température de 5°. D'autres plantes ont la faculté de rester en vie sans fonctionner, et de reprendre leur état normal quand la température vient à s'élever. Il y a même des espèces qui supportent bien la solidification de leurs tissus, et qui continuent à végéter aussitôt que le dégel arrive. La mort par le froid (gelée des jardiniers) n'est pas la conséquence directe de la gelée (solidification de l'eau contenue dans leurs tissus), mais elle l'accompagne souvent. Quand une plante ne reçoit plus la chaleur nécessaire pour fabriquer certains principes immédiats, il se montre d'abord une altération dans les parties de la plante où ces principes devraient se former; cette altération devient le point de départ d'un trouble complet, et qui finit par entraîner la mort de l'individu. La cessation de certains mouvements liés à la température devient même la cause de la mort, par exemple la cessation de la rotation du protoplasma dans les cellules, quand la température s'abaisse trop.

On entend souvent dire que la gelée déchire les cellules; il n'en est rien: les tissus peuvent se rompre par la séparation des cellules, mais on n'a jamais observé que les cellules elles-mêmes se déchirassent.

Les plantes gelées peuvent être sauvées quand le dégel est lent, tandis qu'elles meurent quand le dégel est rapide. En touchant avec la main des feuilles gelées, les endroits qu'on a touchés noircissent et meurent. Un envoi considérable de Fougères en arbre, *Balantium*, avait eu à supporter, pendant le voyage, un froid de — 20°. Elles étaient encore complétement gelées à leur arrivée, et celles qu'on transporta immédiatement dans la serre chaude périrent; tandis que les autres qu'on plongea d'abord dans l'eau, et qu'on plaça ensuite dans une orangerie, restèrent en vie. Ce ne fut donc pas la gelée, mais le dégel rapide qui causa la mort des Balantium dans la serre.

Les oscillations très-rapides de la température au-dessus de 0° n'ont généralement pas de suites fâcheuses.

Maintes plantes supportent même des oscillations considérables, et qui s'abaissent de plusieurs degrés au-dessous du 0 de l'échelle centigrade, pourvu qu'elles ne se répètent pas trop souvent. On a porté l'*Euphorbia Lathyris* plusieurs fois de — 4° à + 18°; après la cinquième répétition de l'expérience, les sommités recourbées par le froid ne se sont plus relevées, et au bout de huit jours la plante était morte. Il faut noter que cette plante supporte très bien un froid de — 10° à — 12°, même très-prolongé.

L'influence du froid dépend encore d'une certaine habitude que les plantes peuvent avoir contractée. Ainsi des pieds de seneçon (*Senecio vulgaris*) et de *Poa annua*, qui avaient déjà supporté un froid de — 9°, ont été transportés dans une serre où ils eurent 12 à 18° au-dessus de 0 pendant quinze jours; reportés à l'air libre, ils ont péri par un froid de — 7°; tandis que d'autres individus des mêmes espèces sont parfaitement revenus à la vie après un dégel rapide. A la chaleur de la serre, ces plantes étaient devenues frileuses. Il paraît que les blés français sont plus frileux que ceux qui proviennent des provinces de Prusse et de Silésie, lesquels sont habitués à un climat plus rigoureux.

La durée de la gelée n'est pas sans influence : les plantes des climats chauds supportent quelquefois très-bien une température de — 2° à — 3°, si le froid ne dure pas; mais elles meurent déjà à — 1°, si le froid persiste.

Le vent exagère encore l'action de la gelée, probablement par l'évaporation de la glace; car celle-ci s'évapore dans les plantes gelées, ainsi que M. Gœppert l'a reconnu en les pesant à plusieurs intervalles.

Pour qu'une plante souffre le moins possible du froid, il faut qu'elle soit entrée dans sa période de repos; on sait que les graines sèches supportent facilement des froids qui deviendraient funestes aux graines germées.

Insistons en dernier lieu sur le caractère spécifique de chaque plante : chaque espèce se comporte différemment vis-à-vis du froid, et c'est dans cette particularité, qu'il faut chercher de préférence l'explication de certains phénomènes en apparence contradictoires. Sur un Sophora, les feuilles les plus âgées sont mortes à — 1,5°, et les plus jeunes à — 3°; sur le ricin, les plus jeunes à 0,5°, et les plus âgées à — 1°.

II. Chute automnale des Feuilles. — Les abaissements de température qui ne causent pas la mort, peuvent provoquer d'autres phénomènes, dont la coloration automnale des feuilles et leur chute sont les plus importants. Cette coloration automnale existe aussi bien dans les plantes à feuilles persistantes que dans les autres : les Conifères et le buis se colorent en brun; mais, chez la plupart des végétaux, les feuilles prennent alors une coloration rouge. Dans d'autres cas, il n'y a qu'un changement de nuance de la couleur verte, provoqué par le changement de place des grains de chlorophylle à l'intérieur de la cellule. La coloration rouge est due à des gouttes de tannin; la coloration brune, à une altération des grains de chlorophylle. Dans tous ces changements, la xanthophylle, c'est-à-dire la matière colorante jaune, est restée intacte; tandis que la cyanophylle, matière colorante bleue, s'est transformée en une matière jaune verdâtre. A toutes ces feuilles on peut rendre la couleur verte, en élevant leur température d'une manière convenable.

L'abaissement de la température en automne amène la chute des feuilles. Cependant les jeunes feuilles résistent plus longtemps que les vieilles à la formation d'une couche séparatrice et au développement des acides organiques qui se montrent normalement dans les feuilles âgées.

III. Mouvements des Plantes gelées. — Chez beaucoup de plantes qui résistent au froid, la gelée est accompagnée de changements dans leur port, qui disparaissent quand le dégel arrive.

Dans l'*Euphorbia Lathyris*, les feuilles se recourbent vers le bas, jusqu'à ce que leur pointe soit appliquée contre la tige. Les feuilles de la giroflée sont comme fanées et tordues quand elles sont gelées. Elles reprennent leur forme normale après le dégel.

On a vu, par un froid de — 7°, les pivoines, les pieds-d'alouette, les adonis, les potentilles, les Papilionacées, les Liliacées recourber leurs sommités vers la terre et rouler en dessous les bords de leurs feuilles. Les jacinthes, les lis, les couronnes impériales (Fritillaires) se couchèrent alors complétement, puis se relevèrent au retour de la chaleur.

Beaucoup de plantes ligneuses, notamment le tilleul, abaissent leurs branches par la gelée.

IV. Gélivure. — La gélivure est une fente parallèle aux rayons médullaires dans le corps d'un arbre. Les faces de cette fente sont lisses et noirâtres. C'est au pied des arbres que se montrent les gélivures. Naissant au niveau du sol, elles n'atteignent ordinairement qu'une hauteur d'un à deux mètres. Leur largeur est variable. Rarement elles vont de la circonférence jusqu'au centre de l'arbre. Quand la gélivure est considérable, elle s'annonce extérieurement par une fente de l'écorce. Dans cette fente, il se développe ultérieurement un bourrelet, dont les couches concentriques révèlent l'âge de la gélivure.

Les eaux pluviales s'amassent souvent dans ces grandes gélivures, et en altèrent les parois, surtout l'aubier situé sous le bourrelet. Mais si la fente de la gélivure est peu développée, elle ne fait pas crever l'écorce, et les couches concentriques ultérieures se développent d'une façon normale. Alors, quelques années après, cette gélivure est interne et ne divise que quelques couches concentriques éloignées de la circonférence. C'est en hiver, pendant les grands froids, que se produisent les gélivures. Les arbres se fendent alors avec bruit. Béantes pendant la durée du froid, ces crevasses se referment quand la température s'adoucit. Souvent un arbre présente plusieurs gélivures.

Les arbres résineux ne sont pas sujets aux gélivures. Ce défaut n'est commun que chez les essences feuillues, à bois dur et à racines profondes. Le chêne surtout en est fréquemment atteint. Mais le hêtre et les bois tendres n'y sont pas sujets. Les arbres les plus gros sont les plus exposés aux gélivures. Les chênes qui ont moins d'un mètre de tour à un mètre du sol, sont rarement affectés de cette maladie. Les chênes à bois dense et nerveux sont plus exposés aux gélivures que les chênes à bois léger et cassant.

Aussi ce défaut est-il plus commun chez les chênes qui surmontent les taillis que chez ceux qui ont crû en futaie pleine. A l'exposition du nord et à celle du levant, les gélivures sont aussi plus communes qu'aux autres expositions. Sur les terrains légers et sablonneux, où les racines pénètrent plus profondément, les gélivures sont aussi plus nombreuses que sur les terres fortes, où les racines sont plus traçantes.

Voici comment les gélivures se produisent. Pendant les grands froids, la gelée concentre la séve qui imbibe les membranes cellulaires et protoplasmas, dont sont formés les tissus. L'eau pure se sépare de la séve, sort de la membrane cellulaire et du protoplasma, et forme des cristaux perpendiculaires à leur surface. Plus le froid est intense, et plus d'eau sort ainsi de la séve qui se concentre d'autant plus. Alors les membranes privées d'une grande partie de l'eau qui les gonflait, se contractent comme lorsqu'elles se dessèchent dans un arbre récemment exploité. Si cette dessiccation des membranes par la gelée se produisait d'une manière égale, à l'intérieur et à l'extérieur d'un arbre, il n'en résulterait pas de gélivure, seulement le diamètre de l'arbre serait diminué. Mais aux pieds des arbres, leur intérieur est, pendant les gelées, beaucoup plus chaud que leur extérieur, parce que les racines, surtout si elles sont profondes, transmettent aux pieds des arbres la chaleur qu'elles puisent dans le sol. Cette transmission de chaleur est favorisée par la propriété dont jouissent les tissus ligneux, de conduire la chaleur plus rapidement dans le sens des fibres que dans toute autre direction. Pendant une forte gelée, les couches concentriques extérieures du pied d'un chêne sont ainsi bien plus froides que les couches internes. Les couches externes se contractent alors plus que les internes, d'où la fente des premières. Les essences dures pourvues d'aubier sont presque les seules exposées à la gélivure, parce que l'aubier contenant plus de séve que le bois parfait, est plus contracté par la gelée. Les chênes tendres sont les moins sujets aux gélivures, parce que leurs couches concentriques internes résistent moins à la contraction des couches concentriques externes. En outre, croissant plus lentement que les chênes durs, ils ont moins d'épaisseur d'aubier, et donnent moins de prise aux gélivures. Les gros arbres sont plus sujets aux gélivures que ceux d'un moindre diamètre, parce que c'est chez les premiers qu'il y a pendant les fortes gelées la plus grande différence entre la température du tissu interne et celle du tissu externe. Pour la même raison, les arbres à racines profondes sont plus exposés aux gélivures que ceux à racines superficielles. Enfin, si aux expositions du nord et de l'est, les gélivures sont plus fréquentes qu'aux autres expositions, c'est que le froid sévit plus rigoureusement dans le premier cas.

Un arbre atteint de la gélivure n'est pas compromis dans son existence; mais s'il s'agit d'arbres forestiers, il convient, lors du passage des coupes, d'exploiter les arbres gélifs qui s'y trouvent. Ainsi on les utilise lorsque leur bois est encore sain, et on laisse leur place à d'autres arbres sans défaut. On débite souvent en merrain les portions de chêne atteintes de la gélivure.

Dans les forêts, à côté d'arbres gélifs, on en trouve d'autres de mêmes espèce et dimensions, que le froid n'a pu fendre; c'est que leur constitution est plus robuste. De là résulte l'opportunité de choisir comme porte-graines, pour les pépinières et les coupes de régénération, les arbres non gélifs; sélection qui, pratiquée avec persévérance, produira en forêt d'aussi admirables résultats que ceux obtenus dans le cours des âges chez les végétaux et animaux soumis à la domestication.

V. Roulure des Arbres feuillus. — La roulure est une non-adhérence de deux couches concentriques d'un arbre. Elle est partielle ou totale, suivant que la solution de continuité décrit un arc de cercle ou un cercle entier. Ce défaut accompagne fort souvent les gélivures, et se comporte ordinairement de même; aussi paraît-il avoir la même cause. Lors de la contraction des couches externes du bois par la gelée, celles-ci non-seulement se fendraient, mais encore se détacheraient des couches internes moins contractées. De même que la gélivure, la roulure altère la qualité et la force du bois d'œuvre; aussi débite-t-on souvent en merrain les portions de chêne roulées, et même seulement en lattes, lorsque les roulures sont nombreuses et associées à des gélivures.

VI. Double Aubier ou Lunure du Chêne. — A la suite d'un froid rigoureux suivi d'un dégel rapide, l'aubier du chêne meurt parfois sur une assez grande hauteur, et ne peut plus se transformer ultérieurement en bois parfait. Le surplus du chêne reste vivant, et, poursuivant le cours de sa croissance, il finit par envelopper d'une couche de bois parfait l'aubier mort, dit alors luné. Celui-ci se décompose parfois, bien qu'il soit abrité par une couche de bois vivant; alors sa couleur perd la blancheur de l'aubier et devient jaune, rouge ou brune. Après l'exploitation d'un chêne luné, son double aubier est promptement détruit par la vermoulure ou la pourriture; aussi est-il nécessaire de purger de ses parties malades un chêne luné qu'on débite en bois d'œuvre.

VII. Accidents sur les Feuilles et les Fleurs. — Lorsque les gelées printanières atteignent les jeunes feuilles encore plissées du marronnier d'Inde et des lilas, il se forme sur les plis saillants des taches jaunes, qui ne tardent pas à se transformer en trous ou en fentes; il en est de même pour les feuilles encore plissées des érables (*Acer tataricum* et *A. platanoides*), qui paraissent alors toutes rongées.

Parfois les pétales n'arrivent pas à leur développement parfait et les fleurs les plus âgées (inférieures) manquent complétement.

Ces accidents résultent de l'action destructrice du vent unie à celle du froid.

VIII. Pommes de Terre sucrées. — Le froid peut également provoquer des changements chimiques dans le corps de la plante. La saveur sucrée des pommes de terre gelées en est un exemple. Mais ici, comme ailleurs, on rencontre des différences individuelles. Parmi les pommes de terre soumises à la gelée, les unes restent molles et deviennent sucrées, tandis que les autres prennent la solidification propre à la congélation, et ne deviennent pas sucrées. Quand on refroidit rapidement les pommes de terre jusqu'à — 10°, elles gèlent toutes sans prendre la saveur sucrée. On a observé des faits analogues sur les poires et les pommes.

IX. Coloration du Corps ligneux des Arbres. — C'est à une altération chimique qu'il faut attribuer la coloration brune du bois, surtout dans les arbres fruitiers qui ont souffert de la gelée. L'étui médullaire montre les premières traces de cette altération. Au degré suivant, les rayons médullaires sont atteints, tandis que les fibres ligneuses restent intactes. Enfin le liber et l'écorce peuvent être aussi attaqués; l'écorce cesse alors d'adhérer au bois, et l'arbre ou portion d'arbre ainsi malade meurt. Quelquefois, dans les fruits à noyaux, ces symptômes sont accompagnés de gomme.

Souvent la coloration dessine une croix sur la coupe transversale du tronc (*Cytisus, Acer*). Si les rayons médullaires seuls sont atteints, le cambium est encore vivant, et l'arbre peut reprendre. Il n'est pas avantageux de tailler l'arbre ainsi atteint. On fait mieux de le laisser pousser des bourgeons latéraux : la première pousse est généralement faible et les fruits ne se nouent pas ; la deuxième est déjà capable de former du bois sain et qui rend à l'arbre sa vigueur. Quand le nombre des bourgeons intacts est trop faible, ceux qui restent poussent ; mais ils ne tardent pas à s'arrêter, et l'arbre meurt.

X. Stérilité. — La récolte peut être anéantie par les gelées printanières qui interviennent au moment de la floraison ; quelquefois l'ovaire seul est perdu, tandis que tout le reste de la fleur est sain.

XI. Gelée des Sommités. — La gelée des sommités de quelques-uns de nos végétaux ligneux est presque aussi régulière que la chute de leurs feuilles, par exemple : chez le mûrier, l'acacia, le framboisier. Cette gelée produit la décurtation accidentelle. Pour quelques essences, la croissance des sommités s'arrête quand le froid arrive, et elle reprend au retour d'un temps plus chaud : le lierre et la sabine se comportent ainsi.

Chez beaucoup d'autres végétaux ligneux, la période d'accroissement du rameau finit par la formation d'un bourgeon terminal, qui continue directement l'allongement de ce rameau au printemps suivant. Les arbres fruitiers, le chêne, le frêne, le pin et le sapin sont dans ce cas, qui constitue l'arrêt constitutionnel d'élongation. Sur quelques essences, il se forme souvent une deuxième pousse, qui ne donne pas toujours du bois aoûté, et ce bois gèle facilement en hiver.

Sur les arbres d'une troisième catégorie, le sommet des rameaux tombe subitement, en été, par la formation d'un cercle de tissu subéreux qui désarticule les mérithalles supérieurs. C'est au bourgeon latéral, situé immédiatement au-dessous, qu'incombe alors la continuation des rameaux, par exemple : dans le *Gymnocladus canadensis*, l'*Ailantus glandulosa*, le tilleul, l'orme, le platane, le coudrier. Ce phénomène s'appelle la décurtation naturelle.

Mohl a montré que les arbres dont les bourgeons terminaux gèlent régulièrement chez nous, appartiennent, dans les pays plus chauds, à la catégorie de ceux qui y perdent leurs sommités en été, tels que le robinier, le gléditschia, le sophora du Japon, le mûrier à papier, le mûrier blanc, le saule pleureur et la vigne. Pour préserver de la gelée leurs pousses, par exemple celles de la vigne, on pince de bonne heure leurs sommités, ce qui arrête leur allongement et hâte la maturité de leur bois.

XII. Acclimatation. — Quand on multiplie indéfiniment une plante par boutures, comme on le fait pour un grand nombre de nos arbres, ces boutures sont la continuation exacte de la végétation du rameau dont elles proviennent; leurs maxima, minima et optima de température sont les mêmes que pour le pied-mère.

Il n'en est pas de même quand on élève de graine les nouveaux pieds. Dans ce mode de reproduction, il se produit, beaucoup plus facilement que par tout autre, des variétés nouvelles, très-peu différentes, il est vrai, du type-mère, mais qui peuvent néanmoins s'adapter beaucoup mieux au nouveau climat sous lequel on les cultive. Plusieurs générations successives peuvent amener une acclimatation parfaite.

Il faut bien être pénétré de cette vérité que l'acclimatation est *impossible* sur un seul individu. Elle n'est possible que lorsque les nouvelles conditions d'existence peuvent agir sur la plante pendant sa période embryonnaire.

XIII. Abris contre la Gelée. — Pour protéger les plantes contre le froid, on les entoure de substances mauvaises conductrices pour la chaleur : de mousse, de paille, de terre ou de feuilles mortes. Néanmoins, pendant les hivers froids, les rosiers gèlent souvent, malgré ces précautions, et il est facile de comprendre ces accidents, en explorant la température qui règne au-dessous de l'enveloppe protectrice : cette température n'est pas de beaucoup supérieure à celle de l'air ambiant.

Quand, au contraire, on place un thermomètre au-dessous d'une couche de neige de 15 centimètres seulement, on trouve que la température y est notablement plus élevée qu'au-dessus. C'est cette couverture de neige qui rend possible la végétation par un froid de — 40° à — 47°, dans la zone polaire : les tiges et les branches des arbres y sont seules sans abri ; tandis que leurs racines et les plantes herbacées hivernantes sont protégées par la neige, qui leur conserve une température guère inférieure à 0°. Par suite, il est parfois utile d'augmenter l'épaisseur de cette neige protectrice, en portant celle des allées sur les parterres de plantes frileuses.

Nous voyons souvent que les parties de plantes non couvertes souffrent après la gelée, quand le soleil les éclaire subitement et vivement. Pour prévenir cet accident, il faut d'abord arroser avec de l'eau froide les plantes gelées, et les garder à l'ombre ; l'eau gèle et forme une croûte de glace dont la température s'élève graduellement jusqu'à 0°, et alors ne peut augmenter qu'après la fusion de la glace.

C'est sur le même principe que repose la pratique de plonger dans des baquets remplis d'eau froide les pommes de terre et les navets gelés, et de mettre les choux gelés en tas, qu'on couvre de paillassons.

Un autre procédé, recommandé par les anciens

auteurs, est moins efficace ; mais il ne faut pas le rejeter complétement : il consiste à enrouler autour du tronc de l'arbre à protéger, une corde de paille dont l'une des extrémités plonge dans l'eau. On met également des cordes par dessus les parterres, et les extrémités de ces cordes sont maintenues dans un vase d'eau, à l'aide d'une pierre. Quand l'eau gèle dans ces cordes, elle dégage de la chaleur latente, qui profite aux plantes voisines. Les plantes gèlent moins facilement dans le voisinage des grandes nappes d'eau.

Les jardiniers évitent la gelée des plantes cultivées en pot, en les arrosant peu : par suite, non-seulement il se perd moins de calorique par l'évaporation de l'eau, mais aussi les plantes sont moins aqueuses et évaporent moins elles-mêmes. Le vent peut produire le même effet. Supposons, en effet, qu'une tempête commence par un temps chaud : l'évaporation sera très-active et les plantes perdront beaucoup d'eau. Les tissus restent dans cet état si la basse température du printemps empêche une absorption active par les racines.

Malheureusement tous ces remèdes ne sont pas applicables à la grande culture.

Il y en a cependant un qui est d'une application facile, et qui est suivi de bons résultats ; on allume plusieurs feux qui développent beaucoup de fumée : celle-ci empêche le rayonnement, en agissant comme une couverture ou comme un nuage. On sait, par les découvertes de Tyndall, qu'un certain nombre de gaz, comme l'oxyde de carbone, l'acide carbonique, le gaz des marais, l'ammoniaque, l'acide sulfhydrique, les huiles éthérées, la *vapeur d'eau*, mélangés en très-faible quantité à l'air, diminuent considérablement sa diathermanéité, c'est-à-dire son pouvoir de laisser passer les rayons calorifiques.

Pendant le jour, le soleil nous envoie de la chaleur lumineuse et obscure qui est en partie réfléchie, en partie absorbée par le sol, lequel la conserve jusqu'à ce qu'au soir la température de l'air soit inférieure à la sienne; dès lors, le sol émet de la chaleur pour rétablir l'équilibre de température. Ce sont ces rayons calorifiques dont on arrête la déperdition en couvrant de fumée les champs pendant les nuits claires.

La pratique des nuages artificiels est très-ancienne; elle était même connue des Incas, qui habitaient le Pérou. Olivier de Serres, en 1639, et Pierre Hogstrœm, en 1757, en ont démontré l'efficacité par des expériences directes.

Inutile de dire qu'il faut l'appliquer à la fois sur une très-grande étendue de terre, à cause du vent qui entraîne les nuages; autrement le malheureux cultivateur qui emploierait la fumée ne réussirait qu'à protéger le champ de son voisin, tandis que ses propres cultures gèleraient.

C'est vers la fin de la nuit, moment où la gelée est

le plus à craindre, qu'il suffirait ordinairement d'allumer les feux; on les nourrit avec des détritus humides, de la mousse, de la paille, etc., pour développer autant de fumée que possible.

2. EXCÈS DE CHALEUR.

Nous n'aurons à nous occuper des températures trop élevées, comme cause de maladie, qu'au point de vue de l'évaporation excessive qu'elles peuvent provoquer. Sous nos latitudes, elles font rarement beaucoup de mal, même quand elles se compliquent de vent. La fanaison passagère des plantes disparaît vers le soir, à l'entrée de la nuit.

En sortant au printemps les plantes de serre, on voit souvent les jeunes feuilles se rouler, se dessécher, brunir et tomber; mais c'est un accident facile à éviter en choisissant pour cette sortie un jour sombre, ou les dernières heures de l'après-midi. On ne sait quelle part revient dans cette action du soleil, à la chaleur ou à la lumière.

Plus loin, dans le chapitre des blessures, il sera question de la gerçure des grains de raisin, qui peut être due à la chaleur. Les tissus des plantes résistent d'autant mieux à la chaleur qu'ils renferment moins d'eau; la plupart des parties herbacées des plantes périssent au bout de dix à trente minutes, à une température de 51° C. On obtient le même résultat en plongeant les plantes dans de l'eau à 45 ou 46°. Il est probable que les températures inférieures à celles-ci de 5 à 10° deviennent funestes, lorsque les plantes y séjournent longtemps.

Quant aux racines, la température maxima qu'elles supportent paraît être de 40°. Cependant on a vu des racines qui ont supporté pendant quatre à cinq heures une température de 55°, tandis qu'une température de 50° durant plus longtemps devient mortelle. Ces phénomènes dépendent de l'âge de la plante et, par conséquent, probablement de la concentration des sucs : plus la plante est jeune, et mieux elle résiste.

Comme dans le cas de gelée, les parois cellulaires surchauffées ne résistent plus à la sortie des sucs contenus dans les cellules; ceux-ci s'infiltrent dans les méats intercellulaires, et donnent à la plante cet aspect diaphane que tout le monde connaît. L'eau s'évapore très-vite à travers les membranes altérées, puis la plante se dessèche et pourrit très-rapidement.

I. Brûlure des Feuilles. — M. Neumann a montré qu'il peut y avoir véritable brûlure, quand des gouttes d'eau séjournent trop longtemps sur les feuilles exposées à un soleil vif, dans une serre mal aérée; les gouttes d'eau agissent comme des lentilles convergentes.

II. Fissure ou Chute de l'Écorce à la suite d'Insolation. — Dans les bois exploités en taillis sous futaie, le hêtre de futaie est assez fréquemment frappé d'insolation, après l'exploitation du taillis qui abritait son tronc. Le cambium de celui-ci est tué par le soleil, à l'aspect du sud-ouest. Par suite, l'écorce tombe de ce côté. Le bois ainsi mis à nu pourrit en quelques années, et perd presque toute sa valeur. On peut éviter cette perte en exploitant le hêtre peu après son insolation. Pour prévenir cette maladie dans les coupes de taillis sous futaie, il faut y abriter le tronc du hêtre, du côté du sud-ouest, en y réservant quelques baliveaux, et ne pas propager cette essence à l'aspect brûlant du sud-ouest. D'ailleurs c'est la chaleur et non la lumière du soleil qui produit cette insolation du hêtre; car un incendie souvent inoffensif pour le chêne, qui ne craint pas l'insolation, est toujours funeste au hêtre, dont il tue l'écorce.

Sur les arbres fruitiers, les fentes qui crevassent parfois l'écorce au printemps, paraissent avoir pour cause première la gelée. Le mal causé par celle-ci reste invisible pendant quelque temps; mais comme le cambium est mort, l'écorce se dessèche pendant les journées chaudes du printemps, et elle finit par éclater. Plus la variété est délicate, plus l'arbre est sujet à cet accident. Le bois imparfaitement aoûté, une végétation trop tardive en automne y prédisposent aussi.

Pour empêcher la gelée de tuer ainsi le cambium, il faut couvrir de paille l'arbre sujet à cette maladie.

Les arbres dont le tronc est nu y sont moins exposés que les pyramides, et quand on dépouille celles-ci de leurs branches, la maladie ne se présente plus.

Les arbres provenant de semis, et les poiriers greffés sur sauvageon ou sur cognassier, sont les moins sujets aux fissures de l'écorce.

III. **La Schütte** (mort des feuilles de pin). — Depuis trente ans, on a vu souvent dans les grandes cultures de pin, qu'au printemps les feuilles des jeunes arbres jaunissent ou brunissent subitement, pour tomber quelque temps après. C'est surtout le pin sylvestre de 2 à 5 ans qui est parfois atteint, pendant les mois de mars, avril ou mai, sur de très-grandes étendues. Les jeunes plants abrités par la haute futaie ne souffrent pas; le mal se propage de préférence dans les pépinières. Les plants très-serrés souffrent plus que les plants clairsemés; les semis, plus que les plantations; les plants à racines raccourcies, plus que ceux à racines longues et robustes. Un sol humide ou sableux maigre prédispose aussi à cette exfoliation; les régions montagneuses sont moins frappées que les plaines; l'exposition nord est complétement épargnée, tandis que les expositions sud et ouest souffrent beaucoup.

La maladie ne se montre pas tous les ans, mais seulement après les hivers sans neige, alternativement froids et humides. Elle est plus forte durant les printemps secs, quand les mois de mars et d'avril ont des jours clairs et chauds, avec des nuits froides. Les plants malades ne reviennent à la santé que lorsque la terre est assez fertile, et que le printemps et l'été ne sont pas trop secs. En tout cas, la majorité des plants meurent, ou végètent mal pendant plusieurs années. Les semis, couverts pendant les gelées printanières, ne sont jamais atteints par la schütte; l'herbe un peu haute suffit même pour les protéger.

Toutes ces observations s'expliquent facilement quand on pense que souvent, aux mois de mars et d'avril, le sol conserve, à une profondeur de quatre pieds, une température de 4° R.; tandis que la température extérieure est de 15° à 18° R. De cette différence de température il résulte que les jeunes pins évaporent par leurs aiguilles beaucoup plus d'eau qu'ils n'en puisent dans le sol par leurs racines; car celles-ci sont inactives à une basse température. Par suite, les jeunes pins se dessèchent sur un sol même très-humide, et périssent.

Les causes qui élèvent la température du sol, telles que les pluies tièdes, la neige (qui l'empêche de se refroidir), et les causes qui rafraîchissent l'air, telles qu'un ciel couvert ou l'exposition septentrionale, diminuent la maladie. Les plants âgés ne sont pas atteints, parce que leur corps ligneux sert de réservoir à l'eau, et que leurs racines s'enfoncent profondément.

Les remèdes sont les suivants :

a) Élévation de la température du sol : 1° en le couvrant de feuilles ou de mousse pendant l'hiver; 2° en desséchant les sols humides; 3° en ameublissant les sols trop compactes, et en y ajoutant de l'humus, pour que la chaleur puisse y pénétrer plus facilement.

b) Diminution de la transpiration par l'ombrage : 1° en plantant des rameaux de Conifères dans les semis de pin en pépinière; 2° en conservant des arbres dans les coupes de régénération et au sud des pépinières, pour protéger les semis de pin contre le soleil d'hiver.

3. DÉFAUT DE LUMIÈRE.

La maladie causée par l'absence de la lumière, ou par un éclairage insuffisant, s'appelle l'*étiolement*. Privées de lumière, les tiges de la plupart des plantes vertes s'allongent démesurément, et sont faibles. Le limbe de leur feuille se développe peu, et reste toute la vie au même état que dans le bourgeon.

Il faut distinguer, dans la nutrition des plantes, deux phénomènes bien différents : le premier, l'*assimilation* qui, à l'aide des matières extraites du sol et de l'acide carbonique de l'air, fabrique des matières végétales nouvelles, telles que l'amidon, le glucose, etc. ; l'autre, la *transformation* qui, de ces matières, en forme d'autres, tels que la cellulose, servant à composer le corps des plantes.

Le premier phénomène ne peut se produire sans l'influence de la lumière. Il se manifeste par un dégagement d'oxygène, résultat de la décomposition de l'acide carbonique, dont le carbone a été fixé. L'organe qui, sous l'impulsion de la lumière, décompose l'acide carbonique, est le grain de chlorophylle, et cet organe lui-même ne se forme qu'à la lumière ; c'est pour cela que nous voyons les plantes étiolées rester jaunâtres. Quand on dessèche la plante étiolée, on trouve son poids inférieur au poids de la graine également séchée ; la plante n'a donc rien fabriqué, elle a au contraire perdu de son poids.

L'autre phénomène, par lequel les matériaux déjà présents sont transformés en cellulose, se produit très-bien à l'obscurité. Il est accompagné d'un dégagement d'acide carbonique.

Voici donc ce qui arrive quand on sème une graine, et qu'on laisse la plante qui en provient, végéter à l'obscurité : la plante se développe aux dépens des matières contenues dans la graine, et dégage de l'acide carbonique. La chlorophylle ne peut se développer, et les feuilles ne prennent pas leur développement normal. Enfin, quand la graine est épuisée, le développement s'arrête.

La quantité de lumière nécessaire au développement régulier d'une plante, varie d'une espèce à l'autre : il y a des espèces qui aiment l'ombre; d'autres ne pourraient y végéter.

Tandis que les feuilles se développent très-peu à l'obscurité, les fleurs s'y développent très-bien, et leurs couleurs deviennent aussi éclatantes qu'à la lumière, pourvu que les feuilles s'y trouvent exposées.

La maladie la plus importante causée par l'étiolement, c'est la verse des céréales.

M. Koch l'a produite artificiellement, en interceptant la lumière; la faiblesse du chaume se présente surtout dans les entre-nœuds inférieurs, principalement dans le second, qui se casse le plus souvent. Le premier entre-nœud est également faible, mais il est trop court pour se casser. Les cellules de cette partie de la tige sont très-longues et peu épaisses.

Aujourd'hui on ne peut plus admettre que cette maladie soit due à un manque de silice, car la culture du blé dans des liquides artificiels a démontré que la moindre quantité de silice suffit pour le développement régulier du blé. Le chaume normal, comme le chaume malade, contient moins de silice dans les entre-nœuds inférieurs; ce sont les feuilles qui en renferment le plus, quelquefois 7 à 18 fois plus que les entre-nœuds inférieurs.

On a également attribué cette maladie à un sol trop riche en azote. Il peut y avoir une influence de ce genre, en ce sens que les feuilles, en prenant un développement exubérant, donnent trop d'ombre; et on pourra dire la même chose de l'eau, d'un semis trop serré, etc.

Le seul moyen d'éviter le versement, c'est un semis plus clair, qu'il faut pourtant modifier suivant la nature du sol; sur un sol sableux ou maigre, les plants peuvent être plus serrés que sur un sol argileux bien fumé. Quand les plants sont sortis, et que leur développement vigoureux par un temps humide fait craindre qu'ils ne versent plus tard, il faut ou les herser, ou les rouler, ou les faire pâturer, mais avec prudence.

Quelquefois les parties inférieures des plantes couchées pourrissent, ce qui est particulièrement nuisible dans les champs de vesce. Pour éviter leur verse, on fera bien de semer avec les vesces un peu de maïs, qui leur servira de support.

La chute des jeunes plantes semées sur couche est un phénomène analogue à la verse du blé. En sus du manque de lumière, il y a ici d'autres causes en jeu, et les plantes malades pourrissent aussitôt. Le fumier des couches absorbe, en se décomposant, de grandes quantités d'oxygène, qu'il soustrait aux corps environnants; de cette manière les racines manquent d'oxygène. Pour éviter cet accident, il faut d'abord éclaircir et aérer les plants, puis ralentir leur croissance par l'entrée de l'air froid. Il faut autant que possible éviter de couvrir trop longtemps les couches avec de la paille; et on doit ne les arroser avec abondance que lorsqu'on attend une journée claire, qui permettra d'aérer dans l'après-midi.

4. ACTION DES GAZ DÉLÉTÈRES.

Aujourd'hui même, où nous cherchons à grands frais à améliorer nos terres trop pauvres, où pour tirer un profit suffisant de la culture, il faut élever des distilleries et beaucoup d'autres établissements, nous voyons naître de tous côtés et augmenter rapidement des ennemis terribles pour l'agriculture : ce sont les usines; sans cesse elles déversent dans l'atmosphère des flots de gaz délétères, qui ont déjà tué l'agriculture dans le voisinage des grands centres industriels. La fumée en elle-même n'est pas très-nuisible à la végétation; on voit journellement des plantes qui vivent très-bien dans une atmosphère si fortement obscurcie par la fumée, que la suie se dépose sur leurs feuilles. Ce sont les gaz qui résultent de la combustion qu'il faut accuser des ravages produits.

On a longtemps cherché quel était le véritable ennemi; les travaux de MM. Morren, Stœckhardt et Schrœder nous ont enfin indiqué l'agent meurtrier, c'est l'*acide sulfureux*, gaz qui résulte de la combustion du soufre. Les poisons métalliques, comme l'arsenic, le zinc, le plomb, qu'on avait accusés dans le voisinage des établissements métallurgiques, paraissent inoffensifs.

L'air contenant 1/50000 de son volume d'acide sulfureux, donne déjà d'évidentes traces de destruction sur les feuilles. C'est une quantité tellement faible, qu'elle peut se trouver dans toute fumée résultant de la combustion d'une houille un peu sulfureuse. Les houilles qui renferment de la pyrite de fer, ne sont malheureusement pas rares, e M. Morren pense que chaque cheminée est un foyer d'infection pour les plantes.

Mais il ne faut pas aller trop loin dans nos craintes. Lors des expériences faites sur des quantités minimes d'acide sulfureux, les plantes étaient enfermées dans une atmosphère limitée par une cloche de verre; cet état ne se trouve que dans le voisinage très-immédiat d'un établissement industriel, où la fumée plane jour et nuit sur la végétation. Dans la plupart des cas, le vent et la propriété qu'a l'acide sulfureux de se transformer en acide sulfurique au contact de la vapeur d'eau, deviennent un palliatif contre l'action extrême du poison.

En tout cas, lorsqu'on crée de ces établissements, on devrait se tenir aussi éloigné que possible des grandes cultures, et notamment des forêts. L'influence funeste de la fumée a causé dans les derniers temps maints procès, et c'est même grâce à cette circonstance que la science s'en est tant occupée d'une manière spéciale.

Ces recherches ont démontré avant tout que les gaz résultant de la combustion d'une houille exempte de soufre sont inoffensifs pour la végétation.

L'acide sulfureux est absorbé et retenu par les feuilles; une faible partie seulement passe dans le bois. Toutes les feuilles n'absorbent pas les mêmes quantités de ce gaz : à cet égard les Conifères se distinguent des arbres feuillus; à égale surface de feuilles, ils absorbent beaucoup moins d'acide sulfureux que ces derniers. Cela ne veut pas dire que les Conifères en souffrent moins; la résistance au poison dépend de l'organisation spéciale du végétal. On avait pensé que l'absorption du gaz vénéneux était proportionnel au nombre des stomates; mais un examen attentif a fait reconnaître que les feuilles absorbent ce gaz par leur face supérieure sans stomate, comme par leur face inférieure qui en a beaucoup. Cependant le gaz qui pénètre par les stomates agit beaucoup plus vite, sans doute à cause de la plus grande quantité d'eau qui se trouve dans les tissus de la face inférieure de la feuille. L'acide sulfureux est très-avide d'eau ; à son contact, il se transforme en acide sulfurique ; s'il fixe une quantité d'eau supérieure à celle qui peut arriver des autres parties de la plante, les parois cellulaires sèchent et deviennent imperméables. Les tissus seuls qui sont en contact immédiat avec les faisceaux fibro-vasculaires, restent frais, et conservent leur coloration normale; les autres sèchent et brunissent, ou tout au moins pâlissent. Ce caractère, d'une nervation verte sur une feuille pâle ou brune, est un symptôme de l'empoisonnement par l'acide sulfureux. Les feuilles empoisonnées évaporent moins que les feuilles saines, et comme l'activité de la transpiration est une expression de la production de matière, on peut dire que la feuille empoisonnée assimile moins. Le résultat général de l'empoisonnement sera donc une chute prématurée des feuilles, et cet effet se produira d'autant plus vite que les quantités d'acide sulfureux absorbé auront été plus considérables; que la température aura été plus élevée; l'air, plus sec; l'éclairage, plus intense ; et ainsi la végétation des feuilles plus active. Ces faits fixés par l'expérience, semblent indiquer que la fumée est moins nuisible la nuit que le jour.

Rendons-nous encore attentifs au choix des arbres à planter dans le voisinage des usines. D'après ce que nous venons de dire, on croirait devoir donner la préférence aux Conifères, parce qu'ils absorbent moins activement le gaz délétère. Mais les Conifères paraissent souffrir plus que les arbres feuillus, probablement à cause de la longue durée de leurs feuilles. Les plantes herbacées se placent, par leur sensibilité, entre les Conifères et les arbres feuillus. Le trèfle, les pommes de terre, l'avoine et les herbes de prairie ont commencé à se faner et à brunir leurs sommités, après des expositions de deux heures, dans de l'air contenant 1/40000 d'acide sulfureux. L'air contenant 1/60000 de ce gaz a produit le même effet après quinze ou vingt expositions.

Le seul remède contre les ravages de l'acide sulfureux est une disposition quelconque destinée à retenir ce gaz, et à le transformer en acide sulfurique, par exemple en faisant passer les fumées sulfureuses par de longs canaux dans lesquels circule de l'eau, ou bien à travers des tas de coke, comme ceux dont on se sert dans les fabriques d'acide sulfurique pour absorber les vapeurs acides.

L'*acide sulfhydrique* à la dose de 1/1300 est également vénéneux pour les plantes; leurs feuilles ainsi empoisonnées jaunissent entièrement.

Le *sulfure de carbone* paraît dessécher les feuilles sans en altérer la couleur.

L'*oxyde de carbone* n'est pas vénéneux pour les végétaux.

L'acide sulfhydrique a quelque importance, parce qu'il se trouve presque toujours dans le gaz d'éclairage. C'est peut-être en partie à ce corps qu'il faut attribuer l'influence funeste du gaz d'éclairage sur les racines; cependant M. Kny a montré que le gaz d'éclairage, complétement débarrassé de l'acide sulfhydrique, est encore nuisible; il est absorbé par les extrémités des racines, qui alors prennent une coloration bleuâtre. Les diverses espèces de végétaux sont très-différemment sensibles à l'action du gaz d'éclairage : l'orme, par exemple, y est très-sensible; tandis que le cornouiller sanguin a supporté sans peine l'action de ce gaz. Une analyse de M. Girardin a démontré qu'on trouve des huiles, des combinaisons sulfurées et ammoniacales, jusqu'à un mètre des tuyaux de conduite.

Les Camellias et les Azalées végètent mal dans une salle où l'on brûle beaucoup de gaz; le lierre y périt très-vite; les palmiers, les Dracœna, l'Aucuba et d'autres plantes n'y souffrent pas. Ce sont sans doute les parties non brûlées du gaz qui agissent, car l'acide carbonique n'est pas vénéneux pour les plantes.

5. DÉGATS CAUSÉS PAR LES TEMPÊTES.

A plusieurs reprises nous avons déjà parlé de l'influence du vent sur l'évaporation, le refroidissement et la gelée des plantes. Il n'y a rien à dire des arbres déracinés ou tordus, ni des branches cassées; nous dirons seulement un mot du *développement unilatéral* de la couronne des arbres. On sait qu'il est très-difficile de boiser les côtes de la mer, et on a attribué cette circonstance au sel contenu dans l'air. D'après des observations récentes, il en faut plutôt chercher la cause dans une action mécanique du vent.

Quand les arbres ont enfin pris, leur couronne se développe inégalement, parce que les rameaux qui devraient se diriger contre le vent, meurent. Le frottement continuel de ces rameaux les uns contre les autres fait tomber leurs bourgeons, déchire leurs feuilles, et use même leur écorce jusqu'au bois.

CHAPITRE III.

BLESSURES.

1. BLESSURES DES FEUILLES.

Les blessures doivent être comptées parmi les accidents les plus fréquents et les plus graves qui puissent arriver aux végétaux, surtout aux végétaux ligneux. Elles sont accompagnées ou non de perte de substance; elles peuvent se présenter sur les organes appendiculaires ou sur l'axe.

Les blessures des feuilles n'influent sur l'état général de la plante que lorsqu'elles s'étendent en même temps sur un grand nombre de ces appendices, et ainsi diminuent à la fois la respiration et l'assimilation.

Dans les plantes de serre, délicates et difficiles à reproduire, l'ablation d'un grand nombre de feuilles peut nuire au point d'entraîner lentement la mort. Les plantes qui possèdent pour les matériaux de réserve un magasin quelconque, par exemple une tige charnue, un rhizome, un bulbe, un tubercule, survivent au contraire très-bien à l'ablation d'un grand nombre ou même de la totalité des feuilles.

Les feuilles de longue durée et massives cicatrisent, sans suites fâcheuses, les grandes plaies. Ainsi on peut casser la nervure médiane d'un *Ficus elastica* sans que la partie supérieure de la feuille meure pour cela; sur les deux faces de la plaie, il se forme des cals couverts de périderme (liége) cicatriciel, et la nutrition de la partie supérieure de la feuille ne se fait plus que par le parenchyme. Les feuilles d'un certain nombre de plantes, telles que les Bégoniacées et les Gesnériacées, ont la propriété de produire de nouveaux individus, sur les blessures de la nervure médiane.

La destruction simultanée de toutes les feuilles produit toujours des effets fâcheux, et provoque au moins un arrêt dans l'accroissement des plantes. Chez celles qui possèdent des organes permanents chargés d'aliments de réserve, par exemple chez nos arbres, la destruction de toutes les feuilles influe surtout sur la formation de l'anneau ligneux de l'année suivante. L'année même de l'opération, l'arbre produit encore un anneau ligneux, grâce à l'amidon accumulé dans les rayons médullaires; mais cet anneau est faible, et diminue souvent d'épaisseur de haut en bas, pour disparaître au pied de l'arbre. Lorsque l'ablation des feuilles est faite au commencement de la saison végétative, l'arbre tend à réparer ses pertes, par la production de nouvelles pousses; si leurs feuilles peuvent travailler un temps suffisant, il y aura production de bois l'année suivante; mais si elles sont encore détruites, par exemple par les chenilles, la production ligneuse de l'année suivante sera nulle. Le retour immédiat du même accident entraîne la mort partielle ou même totale de l'arbre.

Souvent il se montre en même temps un écoulement de gomme ou de résine, dont il sera question plus loin. Même quand la destruction des feuilles ne se fait pas sur une si grande échelle, elle est toujours nuisible, et les nouvelles feuilles se forment toujours au détriment du développement du tronc. La récolte des feuilles, pour en nourrir le bétail, n'est justifiée que lorsqu'elle donne un revenu supérieur à celui des coupes de bois; autrement c'est une mauvaise économie. C'est ainsi qu'il ne faut pas enlever les feuilles des betteraves : ce qu'on récolterait sous forme de feuilles, se trouverait en moins sous forme de racines.

La valeur et le rôle de la feuille dans l'économie végétale étant bien reconnus, il est facile de concevoir qu'une maladie qui n'affecte qu'une partie de la feuille, peut devenir la cause de dégâts sérieux, quand elle s'étend simultanément sur un grand nombre de ces organes. Ce cas est produit souvent par une invasion de parasites. Nous reviendrons plus loin sur les parasites végétaux. Quant aux parasites appartenant au règne animal, qu'il suffise de citer le *Cynips* de la galle, qui attaque les feuilles de chêne. Dans quelques cas de ce genre il pourra être utile d'enlever les feuilles, pour éviter de plus grands malheurs.

Nous avons déjà dit que, dans certains cas, on doit enlever ou tordre les sommités des pousses des arbres fruitiers, pour amener artificiellement leur repos hivernal. Quelquefois l'écartement des feuilles, en permettant un accès facile à la lumière, peut hâter la maturation des fruits, dans les étés froids.

2. BLESSURES DES FRUITS.

Il n'existe qu'un petit nombre d'observations sur les blessures des fruits. Une seule a été l'objet de recherches expérimentales : c'est la gerçure des grains de raisin.

On comprend, sous ce nom, l'apparition quelquefois fréquente de grains de raisin dont les pépins se montrent librement en dehors de la peau du grain. La partie saillante du pépin est lisse, verte et rouge, tandis que la baie elle-même est encore complétement verte. Plus tard ces grains ne présentent qu'un embryon atrophié, et la baie reste plus petite que les baies intactes, quoiqu'elle mûrisse très-bien. Quelquefois la baie n'est pas plus grosse que la graine; on peut dire alors que la cause a agi de très-bonne heure. Aux endroits où le pépin traverse la peau de la baie, les bords de la plaie prennent une coloration brune. Dans les premières phases de ce phénomène on ne voit qu'une blessure de l'épiderme et du tissu immédiatement sousjacent, qui meurt et se rompt, parce qu'il ne peut ni résister à la graine, ni céder par son élasticité.

En écorchant ou en incisant une baie de raisin, on ne parvient pas à provoquer artificiellement la sortie des pépins; mais il en est autrement quand on place sur la baie une goutte d'eau, et qu'on fait converger sur elle les rayons solaires à l'aide d'une lentille; les pépins sortent alors par l'endroit brûlé, ou à côté de cet endroit. La brûlure peut donc en être une cause. Il paraît que la grêle peut être suivie du même effet, et il est probable qu'il y a encore d'autres causes.

Nous conseillons de couper aussitôt les baies malades, pour permettre aux baies voisines de s'étendre et de recevoir plus de matières nutritives.

3. BLESSURES DE L'AXE.

Les blessures de l'axe sont d'autant plus graves

que la plante est plus jeune, plus herbacée, moins massive, que la blessure est plus profonde et plus longtemps ouverte. Les plantes herbacées qui croissent vite, ferment en général très-rapidement leurs blessures, par la formation d'un périderme subéreux.

Quand une plaie dépasse le cambium, celui-ci s'étend vers l'intérieur de la plaie, et la recouvre d'un tissu cicatriciel qui, n'étant pas comprimé par la pression circulaire de l'écorce, se renfle, en formant vers l'intérieur de la solution de continuité une convexité qu'on appelle un *bourrelet*.

I. Plaies longitudinales. — La plaie la plus simple est l'entaille longitudinale. Lorsque l'instrument tranchant pénètre jusqu'au bois, il se forme ensuite deux bourrelets peu visibles de tissu nouveau, qui ferment la plaie étroite. Ces blessures deviennent dangereuses quand elles pénètrent profondément dans le bois; elles restent alors béantes pendant longtemps. Les bourrelets formés par le cambium dans une seule année ne peuvent pas les fermer; l'humidité s'accumule dans la solution de continuité, et le vent y apporte des spores de champignons, dont la végétation hâte la décomposition du bois. Même quand la fente est recouverte de nouveaux tissus, et qu'elle est devenue complétement invisible extérieurement, on retrouve la plaie brune, à l'intérieur du bois, sur la section transversale. *Les entailles dans le corps ligneux sont donc les plaies les plus dangereuses, elles ne guérissent jamais.* Les incisions longitudinales et superficielles, qui ne pénètrent que jusqu'au cambium, sont au contraire souvent fort utiles; et on en pratique fréquemment sur les arbres fruitiers, surtout dans un sol riche, perméable et humide.

L'accroissement annuel du bois est alors très-rapide, et l'écorce, qui ne s'étend pas dans la même proportion, exerce une pression très-forte sur le cambium. La couche subéreuse ne se déchire que lorsque, alternativement sèche ou humide, elle est en même temps dilatée par la chaleur, puis contractée par le froid; or, sur un sol humide, la couche subéreuse sèche peu. La compression des tissus sousjacents peut provoquer la gomme ou d'autres décompositions de tissus; on obvie à cet inconvénient en pratiquant verticalement des incisions linéaires sur l'écorce du tronc jeune, qui est le plus sujet à cet accident.

On a encore recours à cette opération, dans le cas d'une greffe à croissance rapide, sur un sujet à croissance lente, par exemple d'un néflier greffé sur l'aubépine. Quelques années après la pose de la greffe, celle-ci est souvent deux fois plus forte que le sujet. Alors on favorise l'accroissement diamétral du tronc d'aubépine, en y faisant des incisions longitudinales.

II. Greffe. — Les plaies qu'on pratique artificiellement dans les opérations de la greffe, guérissent d'autant plus facilement que le bois est resté plus intact. A cet égard l'oculation, ou greffe en écusson, est celle qu'il faut préférer ; elle ne blesse pas le bois : l'œil est simplement appliqué sur le tissu cambial.

La copulation (greffe anglaise) réussit également très-bien, quand la greffe et le sujet sont de même force, et que le contact des deux sections est intime et étendu. La greffe et le sujet se soudent alors, extérieurement par le tissu que produit le cambium, et intérieurement par le tissu que produisent les rayons médullaires.

La greffe en fente est bien plus dangereuse, surtout si la greffe est faible et le tronc du sujet très-fort. Le danger ne réside pas dans la greffe, mais dans la fente du bois qui est souvent détruit en partie, si le temps devient humide. On peut améliorer ce mode de greffe, en remplaçant la fente par une entaille cunéiforme, et en y plantant une greffe taillée de telle manière, qu'elle remplisse exactement cette entaille. La condition de la réussite, c'est une application exacte des deux parties l'une sur l'autre. On peut encore avantageusement remplacer la fente du bois par le soulèvement de l'écorce, et l'insertion de la greffe sous celle-ci.

III. Plaies transversales. — On regarde généralement les plaies transversales du bois comme les plus dangereuses; elles ne sont en effet dépassées, sous ce rapport, que par les fentes verticales profondes.

Les plaies longitudinales et superficielles guérissent plus vite, parce que l'eau s'y écoule mieux, et que le soleil peut mieux les dessécher quand elles ne sont pas encore fermées par les bourrelets. Lorsque la plaie est oblique, et offre une cavité dans laquelle l'eau peut s'amasser, il convient d'agrandir cette plaie par le bas, en la taillant, de manière que l'eau en sorte. C'est aussi pour faciliter l'écoulement de l'eau que le jardinier qui coupe une branche, pare ensuite la plaie avec une serpette bien tranchante. Quand la plaie est transversale, le danger d'une accumulation d'eau est bien plus grand : par suite de la dessiccation différente du parenchyme ligneux, des rayons médullaires et des fibres ligneuses, la section transversale primitivement lisse ne tarde pas à devenir raboteuse; il devient donc plus nécessaire encore que dans le cas d'une blessure longitudinale, de protéger la plaie contre l'humidité, par des moyens artificiels quelconques. Pour cela, on se sert de luts.

Le lut le plus célèbre est celui que Forsyth préparait vers le milieu du siècle dernier. On dit que le roi d'Angleterre en a payé la recette 56,244 fr. C'est un mélange bien pétri de seize parties de bouse de vache, huit parties de chaux sèche d'une vieille maison, autant de cendres de bois, et une partie de sable. On peut remplacer la bouse de vache par du sang de bœuf, et la chaux par de la craie. On met de cet onguent une épaisseur d'environ 2 millimètres; on saupoudre d'un mélange de six parties de cendres de bois, et d'une partie d'os brûlés ou de craie; et on lisse aussi bien que possible la surface. Le lut fraîchement préparé doit être employé par un temps sec. On peut le conserver dans l'urine.

Le mérite d'un lut ne dépend que de sa durée, de sa résistance aux agents atmosphériques, de son bas prix, et surtout de la force avec laquelle il adhère à la plaie et la soustrait au contact de l'air. Ceux dont on se sert le plus aujourd'hui, sont des solutions de résine qui deviennent solides par l'évaporation du dissolvant. Le plus recommandable et le moins cher est peut-être celui qui se compose simplement d'un kilogramme de poix blanche, et d'un peu moins d'un quart de kilogramme d'alcool, qu'on ajoute après avoir fait fondre la poix sur le feu.

IV. L'Élagage[1]. — Les mastics les moins chers sont encore trop coûteux, quand il s'agit de préser-

[1] *L'Élagage des Arbres.* — Traité pratique de l'art de diriger et de conserver les arbres forestiers et d'alignement, par M. le comte A. des Cars (membre de la Société centrale d'agriculture). Un vol. in-18, avec 72 gravures et un dendroscope. 7e édition. Prix relié, 1 fr. — J. Rothschild, éditeur, Paris.

ver des plaies très-étendues, telles qu'on les pratique dans l'élagage de grands arbres. Pour eux, on emploie avec avantage, et à peu de frais le coaltar ou goudron de houille, dont l'effet est de protéger la plaie contre les influences atmosphériques, les insectes et les spores de champignons, principales causes de la carie. La section doit être parfaitement nette et aussi verticale que possible, de façon à n'offrir aucune saillie et à mettre la circonférence en communication avec la séve descendante, laquelle seule forme le bois de recouvrement.

Avec ces précautions, on atténue le danger des élagages ; mais il faut toujours agir avec une grande réserve, et ne faire de grandes plaies que dans les cas de nécessité, c'est-à-dire lorsque les branches sont mortes, ou brisées avec éclats, en un mot que lorsqu'on craint que l'arbre ne soit atteint de la carie si les choses restaient en cet état.

Le plus souvent il sera préférable de se contenter de raccourcir, à une certaine distance du tronc, les branches superflues ou mal placées, en ayant soin de conserver à leur extrémité quelques rameaux ou branches secondaires. De la sorte, la branche ne meurt pas, et on évite la plupart des grandes plaies, qui sont toujours une cause de perturbation pour l'arbre.

Il n'est guère possible de déterminer exactement

le diamètre des plaies qu'on peut faire impunément; l'essentiel est de savoir qu'on ne doit jamais les pratiquer sans nécessité, et qu'il est indispensable de recourir aux précautions ci-dessus indiquées.

V. Plaies de l'Écorce. — Les plaies de l'écorce sont les moins dangereuses, même les suites d'une décortication complète dépendent de l'époque à laquelle elle a été faite. Le corps ligneux dénudé est capable d'engendrer, au printemps, un tissu parenchymateux nouveau qui remplace le tissu cortical. Au bout de quelques années on ne trouve plus alors de traces de ces plaies.

Sur le cerisier, cette opération a réussi du mois de mai au mois d'août; mais il faut que l'arbre soit vigoureux, et qu'on ne touche pas la surface du bois dénudé, pour ne pas enlever les jeunes cellules cambiales. Il est inutile d'entretenir l'humidité autour de la plaie, et de l'abriter contre le soleil. Quand on annèle le tronc, c'est-à-dire qu'on enlève un anneau complet d'écorce, la séve descendante s'accumule dans la partie située au-dessus de l'anneau, et produit un bourrelet bien plus fort au bord supérieur de la plaie qu'au bord inférieur.

Les bourgeons qui se développent sur les arbres ainsi annelés, sont souvent des bourgeons à fleurs; tandis que les arbres non annelés portent moins ou pas du tout de bourgeons à fleurs. On se sert quelquefois de ce procédé pour faire fleurir les arbres fruitiers. Les jardiniers enlèvent souvent au-dessous des yeux, pour obtenir des yeux à fleurs, de petites bandes d'écorce qui ne forment qu'un segment d'anneau. Pour empêcher que le tremble, se propageant par drageons, ne pullule dans les jeunes peuplements qu'alors il étoufferait, le forestier annèle parfois le pied de l'arbre un an ou deux avant de l'exploiter. N'étant plus alimentées par la séve descendante et étant ainsi épuisées, les racines du tremble ne produisent plus de drageons.

La *contusion* agit à peu près de la même manière que les plaies produites par des instruments tranchants. La couche subéreuse extérieure peut être intacte ; mais le plus souvent les tissus délicats situés plus profondément sont foulés et détruits. En outre, on observe souvent des décompositions variées, comme la gomme dans les arbres fruitiers à noyaux, et la résine dans les Conifères. Le trouble qu'éprouve le cambium en un endroit, se traduit, dans les parties circonvoisines, par une excitation hypertrophique, qui produit un épaississement local de l'anneau ligneux.

A cela viennent s'ajouter les phénomènes qui découlent de l'arrêt de circulation de la séve élaborée à travers la partie malade, comme la formation de bourgeons à fleurs au-dessus de la plaie, et au-dessous le développement de longs rameaux à feuilles, dus à la séve aqueuse ascendante. Ces rameaux, quand on les coupe, se reproduisent par des bourgeons axillaires situés à leur base, ou par des bourgeons adventifs.

4. LOUPES.

L'éveil de bourgeons adventifs ou seulement dormants, causé par l'interception de la séve descendante, se rencontre partout sur les souches de peupliers abattus; là nous avons en effet le traumatisme à sa plus haute puissance: ablation totale de toutes les parties aériennes de la plante. Les matières nutritives, qui se trouvent dans la portion du tronc restant, sont employées, par suite de la poussée de la séve venant des racines, à la formation d'une multitude de bourgeons adventifs. Chez d'autres arbres, les racines elles-mêmes peuvent donner naissance à des bourgeons adventifs, surtout lorsqu'elles se trouvent à la surface du sol, ou peu couvertes. Mais les jeunes pousses sont exposées à maints dangers dans leur première jeunesse, et surtout à l'atteinte des animaux. Piétinées et rongées, elles s'épaississent à leur base, et forment des excroissances sphériques qui dépassent la surface des racines; puis ces pousses déformées sont remplacées par d'autres, qui subissent le même sort à leur tour. Le renflement qu'on observe alors sur la racine, est ainsi une accumulation de bourgeons lignifiés; il ne se développe même plus de rameaux, car les bourgeons meurent de très-bonne heure.

Ce phénomène peut se produire partout sur le tronc. Il n'est pas rare de trouver quelques rameaux isolés sur les loupes. En examinant celles-ci avec soin, on peut se convaincre qu'elles sont formées par une multitude de bourgeons arrêtés dans leur développement, mais dont le corps ligneux persiste. Ces restes d'anciens bourgeons adventifs sont bientôt recouverts de nouvelles couches de bois; de cette manière il se forme des excroissances qui portent le nom de *loupes*, et qui sont recherchées dans l'ébénisterie, à cause du parcours irrégulier des éléments de leur bois.

Les loupes les plus estimées sont celles du bouleau, de l'orme, du peuplier, de l'aune, du tilleul, de l'érable et d'autres arbres feuillus; les Conifères n'en ont que rarement.

Les loupes peuvent devenir mortelles pour une partie de l'arbre, lorsque, prenant un grand développement, elles entourent tout le tronc : les sucs plastiques sont alors arrêtés dans leur marche descendante, et la loupe agit absolument comme une décortication annulaire; la partie du tronc qui est au-dessous meurt, si elle ne porte pas un nombre suffisant de rameaux.

Pour guérir cette maladie, il faut se rappeler que la loupe est une hypertrophie du tissu ligneux, causée par l'afflux extraordinairement abondant d'aliments plastiques vers un même point, et qui apparaît le plus souvent là où il se forme un grand nombre de bourgeons adventifs. Alors, comme le conseille M. Hallier, il convient de couper la loupe au ras du tronc, de recouvrir d'un emplâtre la plaie, et de pratiquer en même temps, sur tout le pourtour de l'arbre, quelques incisions corticales. De cette manière les matières plastiques servent à produire des bourrelets cicatriciels, au lieu de nourrir une multitude de bourgeons adventifs.

5. BALAIS DE SORCIÈRE.

Nous pouvons maintenant passer au cas où les bourgeons adventifs accumulés en nombre extraordinaire deviennent réellement des rameaux. Alors ils produisent sur la tige ou sur les branches une espèce de buisson dense, appelé vulgairement *balai de sorcière*.

Ces *balais* se trouvent plus souvent chez les Conifères que chez les arbres feuillus; Linné en a cependant vu sur des bouleaux et des charmes; Schacht, sur le robinier et le bouleau; M. Moquin-Tandon, sur l'orme et le mûrier à papier; et d'autres observateurs, sur le prunier et des plantes herbacées. Gœppert et Meyen en ont vu sur le saule; Master, sur le pommier et l'aubépine. Chez les Conifères, on en a vu sur le sapin, le pin et l'épicéa, le plus souvent sur des branches latérales.

La formation du Balai de sorcière peut reposer également sur des causes très-diverses. On connaît avec certitude l'origine de celui du sapin; il est causé par un champignon, qui végète à l'intérieur du tronc, et porte le nom de *Æcidium elatinum*.

Le Balai de sorcière de l'épicéa a été attribué par Czech à des poux (*Chermes abietis*). Moquin-Tandon cite, au Jardin botanique de Toulouse, un orme greffé, et qui a produit, au-dessous de la greffe, plus de mille rameaux enchevêtrés les uns dans les autres; ici la cause est évidemment un trouble occasionné par la greffe, dans la circulation des sucs. Il paraît qu'on voit quelquefois ces monstruosités apparaître en abondance après les inondations.

Les plantes herbacées dont on a coupé ou écrasé l'axe principal, produisent quelquefois une multitude de rameaux petits, faibles et peu feuillus.

6. GALLES.

Toutes les excroissances dont nous venons de parler sont de nature prosenchymateuse ; les plantes herbacées sont encore sujettes, après des irritations quelconques, à des hypertrophies parenchymateuses.

Quelquefois celles-ci sont causées par des champignons. L'*Æcidium euphorbiæ* change tellement notre petit *Euphorbia Cyparissias* L., en épaississant sa tige et en raccourcissant ses feuilles, que nous croyons voir une autre espèce. L'*Exoascus pruni* fait de l'ovaire du prunier une poche herbacée. Sur les cônes de l'aune blanc, l'*Exoascus alni* produit des excroissances linguiformes. L'*Exoascus populi* rend difforme la capsule du tremble, et la couvre d'un enduit jaune d'or. Le *Ræstelia cancellata* produit sur les feuilles du poirier des protubérances parenchymateuses avec accumulation d'amidon ; phénomène que produisent pareillement beaucoup d'autres champignons.

La plupart des hypertrophies cellulaires doivent être attribuées aux piqûres des insectes, notamment des pucerons, surtout lorsqu'ils pourvoient à la conservation de leur couvée ; probablement parce que, alors, l'irritation dure plus longtemps, produite qu'elle est par la femelle lente et lourde, suçant toujours au même endroit.

Quand ces petites blessures ne sont faites qu'une fois, la plante réagit, soit par la mort des cellules attaquées superficiellement par les pucerons, soit, dans le cas d'une nutrition abondante, par le prolongement des cellules, en poils. Ainsi sur le blé, on voit souvent des traces veloutées produites par les piqûres d'une mouche, le *Chlorops tæniopus*. Dans les angles des nervures des feuilles de châtaignier, de bouleau, d'aune, de tilleul, de charme, etc., on trouve parfois des faisceaux de poils qui doivent leur existence à des *Phytoptus*.

Nous appelons *galle* toute hypertrophie parenchymateuse produite par les blessures des insectes et des acares. L'aspect extérieur de la galle varie beaucoup, suivant l'insecte qui l'a produite, et suivant la partie de la plante qui la porte. Souvent les feuilles ne sont que boursouflées par endroits, et ces élévations sont couvertes ou non de poils; souvent elles sont couvertes de boutons et de tubercules colorés. Quand les insectes ont leur nid dans le parenchyme, il s'y forme des tumeurs d'une structure assez uniforme. Quand ce sont des tiges ou des racines charnues qui sont atteintes, celles-ci se renflent, se contournent de différentes manières, et se couvrent d'un ou de plusieurs tubercules charnus.

L'exemple le plus fréquent de cette affection morbide, c'est la galle du rosier ou le *bédégar*, causé par la piqûre d'un petit hyménoptère, le *Rhodites rosæ* L., qui pond ses œufs dans les jeunes boutons; toute la pousse s'enfle en une masse charnue, dont la surface est couverte de longues excroissances capillaires vertes, jaunes ou rougeâtres. Les galles les plus connues sur les racines, sont celles du chou[1]. Les galles les plus parfaites ont ordinairement une forme sphérique très-régulière, et leur tissu se différencie. La chambre intérieure, habitée par l'insecte, est tapissée d'un tissu dur, ainsi qu'on le voit dans la *galle du chêne*.

L'hypertrophie ne consiste pas toujours dans une multiplication des cellules; mais quelquefois seulement dans un allongement anormal des cellules parenchymateuses, qui alors prennent l'aspect de poils ou de fils.

Ces productions capillaires ont été autrefois attribuées à des champignons rangés dans les genres *Taphrina*, *Erineum* et *Phyllerium*. On sait au-

[1] On a considéré aussi comme des galles causées par des piqûres d'insectes, les renflements qu'on observe sur les racines de l'*Alnus glutinosa*, et qui doivent être attribués à un champignon, le *Schinzia alni*. Il en est peut-être de même des galles qu'on voit sur les racines d'un grand nombre de Papilionacées, notamment du lupin.

jourd'hui qu'elles sont généralement causées par la piqûre des *Phytoptus*.

Ces acariens se distinguent des autres, parce qu'ils n'ont que quatre pattes au lieu de huit. La même espèce peut, sur une plante, produire des galles très-différentes : sur les feuilles de charme, on trouve le limbe plissé, le bord roulé, de petites boursouflures dans les angles des nervures, et enfin de petites poches ; sur le prunier, on trouve des galles de formes très-variées ; sur les feuilles de tilleul, on trouve de petites élévations velues à la face inférieure, sur d'autres feuilles du même arbre, on ne trouve les élévations que dans les angles des nervures, et ce bord est en même temps un peu charnu et roulé ; d'autres tilleuls ont sur leurs feuilles des excroissances coniques pointues, rougeâtres, herbacées. Toutes les déformations variées sur les feuilles du même arbre sont causées par le même acare, dans les cas que nous venons d'examiner. Les feuilles, plus rarement les fruits et l'écorce, sont l'habitation d'été de ces animaux. En hiver, ils se tiennent de préférence dans les bourgeons, où ils immigrent à l'état asexuel.

Tous ces animaux ne causent un préjudice notable que lorsqu'ils sont tellement nombreux, qu'une grande partie de la feuille ne peut plus travailler pour la plante. Il en est ainsi sur les poiriers, pour lesquels c'est une maladie bien connue, mais peu étudiée, qu'on pourrait appeler l'*acariasis*.

Leurs feuilles sont alors couvertes de petites pustules arrondies ou allongées, quelquefois confluentes, jaunes sur la feuille adulte, rouge-carmin (voir fig. A parmi les planches en couleur) dans quelques variétés sur les jeunes feuilles; plus tard ces pus-

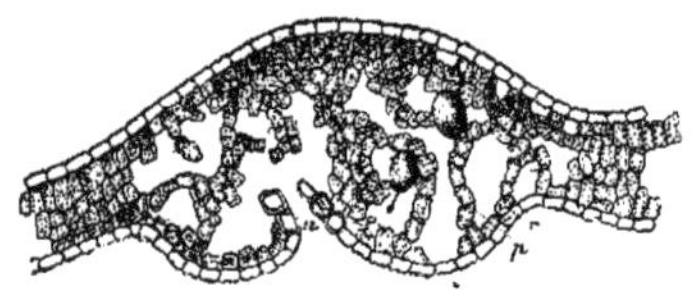

Fig. 1. — Pustule formée sur une feuille de poirier par le *Phytoptus piri*. — *u* Orifice de la pustule. — *r* Épiderme soulevé. — *p* Cellules parenchymateuses qui entourent les lacunes habitées par les Phytoptus. — *e* Œuf de Phytoptus.

tules deviennent brunes ou noires (fig. B parmi les planches en couleur). Elles sont plus fréquentes vers la pointe de la feuille qu'à sa base.

La pustule (fig. 1) apparaît d'abord à la face inférieure de la feuille, et elle y forme une élévation plate dont le centre s'enfonce et brunit. A la face supérieure, la pustule forme une saillie beaucoup plus forte, conique, à sommet arrondi. Sur la face inférieure, l'épiderme est soulevé et percé d'un trou rond (fig. 1 *u*) dont les bords s'enfoncent en forme de cratère, et brunissent. Cette coloration s'étend du centre à la circonférence; et, au mois de juin, on trouve à la face inférieure des taches brunes auxquelles correspondent, sur la face supérieure, des taches jaunâtres beaucoup moins visibles alors.

Au mois de mai, on trouve dans les méats, les œufs (fig. 1 *e*) du *Phytoptus piri* Pag. Cet acare lui-même n'est pas visible à l'œil nu; à la loupe, il apparaît comme un petit animal cylindrique, et de grandeur variable.

On peut trouver les animaux pendant tout l'hiver; en été, à partir du mois de mai, on en trouve de différentes grandeurs dans les galles des feuilles; et en même temps on voit, sur la face inférieure de celles-ci, courir les animaux adultes. En hiver, on en trouve dans les bourgeons, même immédiatement après les froids les plus rigoureux. Les jeunes animaux paraissent vivre aux dépens des cellules parenchymateuses de l'intérieur de la galle. Quand celle-ci noircit et meurt, ils sortent par le trou de la face inférieure, qui s'est agrandi spontanément. Les acares hivernants percent avec leurs mandibules les cellules épidermiques des feuilles encore enfermées dans le bourgeon, ou aussitôt après leur développement. Les cellules piquées meurent, et leurs membranes se déchirent; la tension de l'épiderme est ainsi détruite, et le parenchyme sous-jacent le soulève pour former les pustules que nous avons décrites. Plus tard, quand l'ouverture s'est un peu agrandie, les femelles y vont pondre leurs œufs.

Dujardin a décrit l'acare et la maladie du tilleul dans les *Annales des sciences naturelles*, 1851, tome XV, 3e série, page 166.

Sur le tilleul, la maladie est extrêmement variable. Tantôt ce sont des taches de rouille velues à la face inférieure des feuilles, d'autres fois ce sont des galles en forme de clous, selon l'espèce de tilleul atteint. Les tilleuls des allées du Muséum d'histoire naturelle présentent le premier cas, tandis que ceux de la terrasse de Saint-Germain (*Tilia intermedia*) n'ont que des galles coniques.

Le seul moyen de détruire ces animaux si nuisibles consiste dans l'enlèvement des bourgeons; mais on comprend que ce remède est dangereux et d'une application fort limitée. Il faudrait écarter jusqu'au bourgeon terminal, et on détruirait complétement le port naturel de l'arbre. A la fin du printemps on trouve surtout les feuilles inférieures couvertes de galles; les feuilles qui se forment plus tard n'en montrent pas ou peu. Les Phyloptus qui ont passé l'hiver dans les bourgeons, attaquent les jeunes feuilles immédiatement après leur sortie des bourgeons et y pondent leurs œufs. Avant que ceux-ci soient éclos, les pousses du printemps sont terminées; alors si on enlève les feuilles inférieures, on débarrasse l'arbre, non-seulement d'une multitude d'acares adultes, mais aussi des générations futures, sans dépouiller les rameaux de leurs jeunes feuilles, qui travaillent le plus activement. Si les acares reparaissaient sur les feuilles supérieures, il faudrait enlever toutes celles infestées.

CHAPITRE IV.

MALADIES ATTRIBUÉES A DES CAUSES DIVERSES AUTRES QUE LES PARASITES.

1. MALADIES DE LIQUÉFACTION.

I. Généralités. — Nous réunissons sous le nom de *maladies de liquéfaction*, la formation de mucilages, de gommes, de résines, de cires, dans des régions de la plante où ces produits n'apparaissent pas normalement.

Le phénomène pathologique de ce genre le plus important est

II. La Gomme, qui se montre de préférence sur nos arbres fruitiers à noyaux. Dans les pays chauds, les vrais *acacias* sont sujets à la gomme, et fournissent de cette manière la *gomme arabique*.

Ce sont les cerisiers qui ont le plus à souffrir de la gomme; alors des masses solides, tantôt jaune clair et transparentes, tantôt brunes et troubles, s'étendent sur l'écorce d'une branche ou du tronc.

Quelles sont les causes de la gomme?

Duhamel, dans son *Traité des arbres et des arbustes*, dit que les cerisiers deviennent gommeux quand ils vivent dans une terre trop forte; il a raison pour le cerisier et pour le pêcher, car, sous le nom de *terre forte*, il comprend la terre argileuse.

Sur un sol très-riche, mais meuble et chaud, on trouve plus rarement la gomme.

Elle se déclare souvent à la suite de plaies non fermées.

Au printemps, si on enlève tous les yeux d'un cerisier, on détermine la gomme, presque sans exception; il en est de même dans les expériences de décortication annulaire, au bord supérieur de la plaie, quand il ne se forme pas de bourrelet.

Enfin on sait que les lésions trop considérables aux racines ou à la couronne, lors de la transplantation ou d'une greffe défectueuse, causent la gomme.

De tous ces faits nous pouvons conclure que cette maladie se développe quand les sucs élaborés ne trouvent pas un nombre suffisant de foyers de formation nouvelle.

La gomme est un symptôme; la véritable maladie est une accumulation locale de matières plastiques, jointe à une quantité considérable d'eau, en l'absence d'un nombre suffisant de foyers de formation nouvelle, qu'une cause quelconque empêche de s'établir.

La maladie peut avoir des causes très-diverses, comme la destruction de bourgeons, les blessures considérables de l'axe aérien ou souterrain, une fumure trop forte, un sol trop dense et trop frais, dans lequel l'arbre absorbe beaucoup d'eau. Celle-ci dissout une grande quantité de matériaux de réserve que l'arbre ne peut élaborer; il forme alors une grande quantité de cellules parenchymateuses, qui se transforment en gomme.

Ces formations nouvelles et anormales, jointes à la destruction du bois normal et de l'écorce, constituent une perte de substance, perte qui entraîne l'affaiblissement et la mort de l'arbre.

Pour éviter la gomme, il faut conserver autant de bourgeons que possible, éviter les plaies considérables pendant la période de végétation, et choisir un sol meuble. Mais une fois la gomme déclarée, il faut exciser les parties malades, jusqu'au bois sain, et inciser longitudinalement l'écorce.

III. Écoulement de la Manne. — A la place de la gomme, on trouve, chez quelques plantes, des masses claires, sucrées, connues dans le commerce sous le nom de *manne*. Ce produit renferme de la manne, qu'on peut en extraire par l'alcool et faire cristalliser sous forme de fines aiguilles soyeuses d'un goût faiblement sucré, et qu'on peut aussi préparer artificiellement à l'aide de quelques sucres.

D'après Meyen, la grande quantité de manne qui nous vient d'Italie, est extraite du frêne à manne, par des incisions qu'on pratique à la fin de juillet, et d'où elle s'écoule sous forme d'un liquide sucré, qui se concrétionne à l'air. Cet écoulement dure environ cinq à six semaines, à partir du commencement du mois d'août, si le temps reste sec: On dit qu'outre cet arbre, d'autres frênes et même le charme peuvent fournir de la manne, qui ne diffère pas essentiellement des excrétions produites par les feuilles de beaucoup d'arbres. Sous ce rapport, les mélèzes jouent un rôle important, en sécrétant, à la surface de leurs feuilles, de petites gouttelettes claires qui se trouvent dans le commerce sous le nom de *manne de Briançon :* c'est une espèce de miellat, qui se rattache au miellat du tilleul.

Parmi les causes qui produisent la manne, il faut citer en première ligne les blessures faites par la main de l'homme, ensuite celles faites par un hémiptère, le *Cycada orni,* dont la piqûre détermine un écoulement de manne. On dit que c'est un insecte du même ordre qui cause, par sa morsure, l'écoulement de la manne du *Tamarix gallica*, var. *mannifera* Ehrh.

Pour qu'il y ait un écoulement considérable de manne, il faut une température élevée qui favorise aussi l'écoulement de la gomme. Grâce à cette température élevée et à un éclairage intense, il se forme une quantité extraordinaire de matières plastiques, qui ne peuvent pas être transportées aux foyers de formation nouvelle, faute d'eau. Ces matières plastiques s'accumulent, par conséquent, comme à la suite d'une décortication annulaire, et subissent des transformations chimiques anormales. Une pluie abondante guérit le mal.

IV. Écoulement de Résine. — La résine est pour les Conifères ce que la gomme est pour les Amygdalées, et la manne pour les Oléinées; elle se montre tantôt dans le bois, tantôt dans le liber ou le parenchyme de l'écorce.

Comme pour la manne, la cause principale de la résine est la main de l'homme; Pline, qui connaissait déjà la gomme des arbres fruitiers, dit que pour tirer de la résine de l'épicéa, il faut dépouiller cet arbre, à 60 centimètres du sol, d'une bande d'écorce longue de deux pieds.

Duhamel n'admet pas l'écoulement de la résine comme une maladie; il dit que de vieux arbres sans blessure, mais prêts à mourir, laissent écouler de la résine. Il ajoute que l'exploitation de la résine peut entraîner la mort des arbres, quand les plaies sont trop grandes et trop profondes, et que le bois en souffre trop. Outre ces causes, les auteurs citent encore les contusions de l'écorce et les dégradations faites par les animaux ou par le vent.

Enfin il faut parler des dévastations exercées par les chenilles du *Tortrix zebeana*, qui attaquent le mélèze, et y provoquent un renflement du bois, une accumulation de la sécrétion résineuse, et un arrêt dans la circulation de la séve. Dans le voisinage de la partie rongée, il se produit des canaux à résine anormaux, qui se perdent vers le côté intact; les parois des cellules ligneuses voisines des blessures paraissent se transformer en résine.

Quand une maladie a des causes si diverses, il n'est guère permis d'y chercher un remède universel; les produits qui s'écoulent ne sont que des symptômes d'une maladie qui nous est réellement encore inconnue.

2. MALADIES VOISINES DES MALADIES DE LIQUÉFACTION.

I. **Chancre des Arbres fruitiers.** — Ce chancre paraît attaquer exclusivement les arbres fruitiers à pépins, et de préférence les pommiers.

La tumeur apparaît souvent dans le voisinage

d'un rameau; l'écorce éclate sur un côté du tronc, par la pression d'une bosse ligneuse, qui est fendue au milieu en forme de bouche. A un état plus avancé, le bois est divisé en plusieurs endroits; la fente primitive s'enfonce de plus en plus, et se transforme en un sillon étroit, tortueux, profond, et qui suit généralement la direction du rameau. La tumeur possède une écorce propre, qui est d'abord lisse et tendue. A cet emplacement, l'écorce primitive du rameau se dessèche peu, se retrousse et forme le premier bord de la plaie. Au milieu, l'activité du cambium est détruite, mais elle est d'autant plus grande dans le voisinage, où il forme, pendant la saison suivante, un bourrelet circulaire très-fort. Cependant, comme la destruction du corps ligneux s'étend dans tous les sens, le premier bourrelet meurt l'année suivante; en même temps il s'en forme un second plus large et plus fort, qui subit le même sort; de cette manière naissent trois à cinq bourrelets circulaires, concentriques, et qui donnent à toute la plaie l'aspect d'une rosace, caractère distinctif du chancre.

Quand celui-ci est très-actif, ses bords opposés peuvent se rejoindre de l'autre côté de la tige ou de la branche atteintes alors mortellement.

Souvent la maladie se déclare à la base d'une branche, sur le tronc; la branche meurt et il n'en reste qu'un fragment court, brun, planté au milieu de la plaie.

Le premier symptôme du chancre est une hypertrophie du bois; à l'endroit malade, l'anneau ligneux est à peu près deux fois plus fort qu'il ne l'est normalement; l'année suivante, le nouvel anneau est également hypertrophié au même endroit, et il se montre déjà fendu radialement. Souvent le bois de printemps de la première hypertrophie est alors bruni et mort; dans d'autres cas, la mortification ne commence que par la fente du deuxième anneau, et s'étend de là aux tissus sains.

Le chancre est commun sur les sols marécageux, tourbeux, ou à une exposition froide et humide.

Ce mal est pour les fruits à pépins ce que la gomme est pour les fruits à noyaux.

Comme la gomme, le chancre est transmissible par la greffe.

Le meilleur remède, le même que pour la gomme, est l'excision de la partie malade jusqu'au bois sain. On couvre la plaie avec du lut. En outre, il convient de fumer et de défoncer le sol.

Les entailles longitudinales ont également donné de bons résultats.

II. Chancre du Hêtre, du Frêne et du Chêne. — Un chancre semblable à celui des arbres fruitiers se montre souvent sur le hêtre, mais il y est produit par un chermès, le *Lachnus exsiccator*. Celui-ci suce l'écorce, la tue, et fait subir le même sort aux bourrelets qui cherchent en vain à guérir le chancre. Un champignon, le *Fusidium candidum*, s'installe ensuite sur le bois tué par le *Lachnus exsiccator*. Le frêne, le chêne et quelques autres espèces d'arbres sont sujets au même chancre. Pour obtenir la cicatrisation de cette plaie rongeante, il faut enlever l'écorce morte qui la borde, puis enduire de goudron la plaie avivée et les bourrelets qui l'entourent. Ainsi on tuera les chermès, et l'on protégera contre eux les bourrelets qui pourront cicatriser le chancre.

III. Roulure des Arbres résineux. — En sciant les troncs des Conifères, on y voit quelquefois un cylindre intérieur se détacher complétement de la partie périphérique du bois; le tissu qui avait réuni ces deux parties s'est dissous, et il n'en reste que quelques débris brunâtres. Parfois les champignons paraissent la cause de cette destruction du tissu intermédiaire. D'autres fois, c'est à la suite d'une formation anormale de résine que les cellules se dissolvent. Enfin on a encore vu le cylindre interne se détacher à des endroits où le tissu ligneux normal avait été remplacé par un parenchyme à grandes cellules. Ce dernier résultat peut être dû à des causes très-variées, qu'il faudra peut-être chercher dans la nature du sol.

3. TORSION DES FIBRES.

Lors de la croissance d'un arbre, les tissus qui le composent décrivent souvent, autour de son axe, une spirale. Les fibres de cet arbre sont alors torses, et le resteront toute leur vie. Cette affection est héréditaire.

Dans la forêt domaniale de Marchiennes (Nord) 48 p. 100 des chênes de futaie, espèce pédonculée, ont les fibres rectilignes, 42 p. 100 ont les fibres tordues à droite, comme s'enroule le haricot, c'est-à-dire de gauche à droite en montant, quand on a l'arbre devant soi ; 10 p. 100 ont les fibres tordues à gauche, comme s'enroule le chèvre-feuille. A la forêt domaniale de Saint-Amand (Nord), la torsion se comporte presque de même : 49 p. 100 des chênes de futaie ont les fibres rectilignes, 43 p. 100 les ont tordues à droite, et 8 p. 100 les ont tordues à gauche. Les fibres des branches du chêne ont la même direction que les fibres de la tige.

Les angles de torsion diffèrent pour chaque arbre. A la même forêt de Saint-Amand, sur des chênes de taillis âgés de 23 ans, l'angle de torsion à droite atteint en moyenne 41° par mètre, et au maximum 60° ; tandis que, sur les chênes de futaie, sujets choisis lors des martelages, l'angle de torsion n'est en moyenne que de 26°, et au maximum de 45°. L'angle de torsion à gauche est moindre que celui à droite.

Dans les jeunes pineraies, à Saint-Amand, 10 p. 100 des pins sylvestres ont les fibres rectilignes; et 90 p. 100 les ont tordues toujours à gauche, sous un angle qui atteint en moyenne 123° par mètre, et au maximum 226°.

Trois dixièmes des aunes à Saint-Amand ont les fibres rectilignes; sept dixièmes les ont tordues à droite, sous un angle variable, qui atteint en moyenne 42° par mètre, et au maximum 60°.

Cinq dixièmes des charmes à Saint-Amand ont les fibres rectilignes; quatre dixièmes les ont tordues à droite, et un dixième, à gauche. L'angle de torsion est variable; il est en moyenne de 34° par mètre, et au maximum de 53°.

Cinq dixièmes des saules blancs à Saint-Amand ont les fibres rectilignes; quatre dixièmes les ont tordues à gauche, et un dixième, à droite. Les angles de torsion sont variables; ils s'élèvent en moyenne à 33° par mètre, et au maximum à 53°.

Six dixièmes des érables sycomores à Saint-Amand ont les fibres rectilignes; trois dixièmes les ont tordues à droite, et un dixième, à gauche L'angle de torsion varie; il s'élève en moyenne à 35° par mètre, et au maximum à 50°.

Sept dixièmes des trembles à Saint-Amand ont les fibres rectilignes; trois dixièmes les ont tordues tantôt à droite, tantôt à gauche, sous un angle variable, qui s'élève en moyenne à 27° par mètre, et au maximum à 30°.

Ainsi les arbres des forêts domaniales de Marchiennes et de Saint-Amand ont trop souvent les fibres torses, idiosyncrasie fréquente chez les bois très-forts. Cette torsion est souvent si considérable, que les bois sont alors impropres à la fente, et que, pour beaucoup d'autres emplois, ils perdent une grande partie de leur force, par suite de la coupe de leurs fibres lors du débit en marchandises. On pourra prévenir ce défaut, en choisissant comme porte-graines pour les pépinières et les coupes de régénération, les arbres à fibres rectilignes. Pour les semis artificiels de pin sylvestre, il conviendra de ne plus employer que de la graine du pin de Riga à fibres rectilignes. Enfin lors du bouturage du saule blanc, il faudra cueillir les boutures sur des mères à fibres rectilignes.

CHAPITRE V.

PARASITES PHANÉROGAMES.

I. Santalacées (*Thesium*). — L'une des causes les plus fréquentes des maladies de nos plantes cultivées, c'est le ***parasitisme***, grâce auquel les matières assimilées par ces végétaux sont soustraites par d'autres organismes, qui les emploient à leur propre développement. Abstraction faite des nombreux animaux qui causent des torts à nos plantes cultivées, il reste un grand nombre de parasites qui appartiennent au règne végétal lui-même. Des classes entières de plantes sont privées de la faculté de décomposer l'acide carbonique de l'air, et sont réduites à prendre le carbone dans des combinaisons organiques. Celles qui se contentent de végétaux en voie de décomposition ne doivent pas nous occuper; mais il y en a un grand nombre qui trouvent dans les plantes vivantes les sucs dont elles se nourrissent, et qui, en vrais parasites, affaiblissent la plante qui les nourrit, et la tuent souvent.

Les champignons caractérisés par l'absence totale de chlorophylle constituent la grande majorité des parasites; mais il existe aussi un nombre assez élevé de phanérogames parasites qui peuvent causer des torts considérables. Nous rappelons seulement la Cuscute, malheureusement bien connue des agriculteurs. Moins connues sont les plantes parasites à feuilles vertes.

Tous les parasites phanérogames possèdent, tantôt sur leurs tiges, tantôt sur leurs racines, de petits organes comparables à des racines adventives, qui leur donnent la faculté d'extraire les sucs nutritifs de leur hôte. Ces organes portent le nom de *suçoirs;* leur structure varie d'une espèce à l'autre. Quand on déterre avec soin les racines d'un *Thesium*, on trouve à l'extrémité de certaines petites racines des corps ovoïdes ou en forme de cloches, blancs, charnus, quelquefois pédiculés : ce sont les suçoirs (voir fig. C, s, parmi les planches en couleur), qui s'attachent fortement aux racines (*r*) des plantes voisines. Quand ces racines sont minces, le suçoir les entoure quelquefois complétement.

Souvent ces petits suçoirs ne trouvent pas dès leur naissance une racine convenable; alors ils s'allongent, se recourbent en crochet, tout en conservant encore pendant quelque temps les caractères d'un suçoir. Atteignent-ils une racine convenable, pendant qu'ils sont encore en état de s'y implanter, ils forment des suçoirs pédiculés; dans le cas contraire, ils persistent indéfiniment à l'état de ces filaments crochus, perpendiculaires aux racines, et qui donnent à celles-ci cet aspect qui est si caractéristique dans le *Thesium*.

Le *Thesium* est une de ces plantes parasites qui ne sont pas exclusivement réduites au parasitisme. En effet sa graine germe comme celle d'une plante ordinaire; elle forme une racine pivotante et deux cotylédons filiformes qui restent engagés dans le testa. Ce n'est qu'après s'être ramifiée que la racine développe des suçoirs et devient parasite.

Le *Thesium* vit sur diverses plantes, aussi bien sur les monocotylédonées que sur les dicotylédonées. Il est heureusement peu répandu.

II. Scrofularinées. — La tribu des *Rhinanthacées*, qui appartient à la famille des *Scrofularinées*, renferme des parasites bien plus connus que le *Thesium*. Ces plantes vivent de la même manière que les *Santalacées*. Ce sont : le Mélampyre, la Pédiculaire, le Rhinanthe et l'Euphraise. Les suçoirs du *Rhinanthus* sont également produits par les racines latérales. Les Rhinantacées ne causent que peu de dégâts.

III. Orobanchées. — Le *Lathrœa squamaria*, espèce voisine de la Clandestine (*L. clandestina*), fait le passage des Scrofularinées parasites aux *Oro-*

banches. Il est dans cette famille un exemple de plante vivace munie de suçoirs.

Les Orobanches sont représentées chez nous par les genres *Orobanche* et *Phelipæa*. Dans ces plantes, c'est la base renflée de la tige qui sert de suçoir. Il arrive souvent ici que la partie de la racine nourricière, située au-dessous du point attaqué, meurt, et alors l'Orobanche paraît s'implanter à l'extrémité d'une racine.

L'*Orobanche minor* nuit parfois à la culture des fèves, et surtout à celle du trèfle.

L'Orobanche rameuse (*Phelipæa ramosa* L.) cause souvent de grandes pertes dans les récoltes de chanvre. Pour prévenir la multiplication de ce parasite, il faut en arracher les pieds avant la maturité de leurs graines. Si les Orobanches étaient très-abondantes, il serait opportun de suspendre pendant quelques années la culture du chanvre ou autre plante attaquée, et de cultiver, sur les champs infestés, la pomme de terre, le maïs, le haricot, ou autres plantes qu'on bine plusieurs fois l'été. Ce binage détruirait les pieds d'Orobanche avant la maturité de leurs graines. On trouve assez souvent le *Lathræa squamaria* sur les racines du peuplier, et les *Monotropa* sur les racines des arbres forestiers. Ces deux parasites analogues aux Orobanches ralentissent l'accroissement des arbres, dont ils sucent les racines. Aussi la destruction de ces parasites avant la maturité de leurs graines serait-elle profitable aux arbres.

IV. Cuscutacées. — Les Cuscutes sont bien plus nuisibles; avec leurs tiges volubiles elles enlacent les plantes et les sucent par mille points, jusqu'à ce que celles-ci succombent. La plus dangereuse est la Cuscute du trèfle (voir fig. D parmi les planches en couleur) [*Cuscuta Epithymum* L., *C. Trifolii* Babingt.].

Les suçoirs (*h* et *st*) se forment par files sur le côté de la tige, qui est tourné vers la plante nourricière. A l'œil nu ils apparaissent comme de simples élévations, et ils ressemblent à des racines adventives recouvertes de leur piléorhize.

Quand la petite racine adventive ou le petit suçoir ne rencontre pas de plante convenable, il s'arrête dans son développement et ne forme qu'une espèce de petite bosse à la surface de la Cuscute.

Vu les torts considérables causés par ce parasite, et les essais infructueux faits pour le combattre, il convient de tirer parti du mode de son développement lors de sa naissance. C'est la radicule qui se développe d'abord; la tigelle reste enfermée jusqu'à l'absorption complète de l'endosperme; mais l'extrémité radiculaire n'est pas une vraie racine, car elle manque de piléorhize; aussi son développement s'arrête, la radicule meurt et la tigelle s'accroît en forme de filament. Quand la jeune Cuscute, dans cet état, ne rencontre pas de plante convenable, elle meurt; dans le cas contraire, elle grimpe le long de la plante et développe son premier suçoir; c'est là que se forment les premiers vaisseaux de la Cuscute, qui n'en avait pas avant. Par suite, pour purger de la Cuscute un champ qui en est infesté, il faudra y planter pendant deux à quatre ans des plantes qui ne sont pas attaquées par ce parasite.

La Cuscute du trèfle vient sur le thym serpolet, la bruyère (*Calluna vulgaris* Salisb.), le genêt, et peut-être sur la vigne. La Cuscute la plus ordinaire est le *Cuscuta europæa* L., qui vit sur la pomme de terre, l'ortie, le houblon, le chanvre, le saule, le jeune peuplier, l'aconit, la tanaisie.

La Cuscute du lin (*Cuscuta Epilinum* Weihe) est bien plus à craindre; elle ne se trouve guère que sur le lin; mais il paraît qu'elle peut vivre aussi sur le chanvre.

Le *Cuscuta racemosa* Mart. (*C. suaveolens* Ser.) se trouve sur la luzerne, sur laquelle le *Cuscuta Trifolii* paraît venir aussi.

Le *Cuscuta lupuliformis* Krock. est peu important; il vit sur le saule, le peuplier, le lupin et l'érable. Rare ici, il est fréquent dans l'Europe orientale.

Le meilleur remède qu'on puisse recommander contre la Cuscute du trèfle est un nettoyage minutieux de la graine. Dans cette opération le crible peut devenir utile ; la graine de la Cuscute est ordinairement beaucoup plus petite que la graine du trèfle rouge, mais seulement un peu plus petite que celle du trèfle blanc. On emploie un crible qui a 22 mailles pour 7 centimètres carrés. Il faut bien se garder de donner aux animaux les graines qui ont traversé le crible, car il est démontré que la graine de Cuscute traverse le tube digestif sans être aucunement altérée, et qu'on la transporte ensuite dans les champs avec le fumier. On fera bien cependant de ne pas se fier complétement au crible, à cause du volume presque égal des graines de Cuscute et de trèfle blanc; même quand il ne s'agit que de trèfle rouge ou de trèfle incarnat, on ne peut pas écarter la Cuscute d'une manière absolue, parce que sa graine devient parfois tellement grosse sur les plantes vigoureuses qu'elle ne traverse pas les mailles d'un millimètre.

La semence de la Cuscute ne pourrait être séparée de celle du trèfle par le lavage; M. Nobbe a montré que ce procédé ne peut donner aucun résultat. La bonne graine de Cuscute tombe au fond de l'eau, comme celle de trèfle.

Quand la Cuscute vient sur la luzerne, on peut

couper celle-ci à l'aide d'une pelle tranchante. Cette coupe doit être faite sur les racines de la luzerne, en faisant pénétrer la pelle un peu en terre. Les plantes coupées sont mises en tas et emportées; après une première pluie, la luzerne repart, débarrassée de la Cuscute. M. Wagenbichler a essayé, sur les plantes atteintes de Cuscutes, l'arrosage avec un mélange d'acide sulfurique et d'eau (1 pour 200 à 300 d'eau); mais cet arrosage tue, en même temps que la Cuscute, le trèfle et la luzerne, et ne respecte que le *Phleum pratense*.

Pendant une forte rosée du matin, on peut aussi saupoudrer de sulfate de potasse les parcelles envahies par la Cuscute; le lendemain toutes les plantes saupoudrées seront brunes et comme brûlées. Au bout de huit jours la luzerne se sera remise; mais le trèfle et la Cuscute seront morts. L'année suivante il n'y aura plus de Cuscute.

Le sulfate de fer, qu'on a préconisé en Angleterre, tue la Cuscute et le trèfle. M. Nobbe indique, comme le meilleur remède, de couvrir le champ avec une couche de paille hachée imbibée de pétrole, et d'allumer le tout.

Nous croyons qu'il vaut mieux avoir de suite recours à ces moyens énergiques, plutôt que de perdre du temps à des essais incertains, comme les fossés creusés autour des places infestées, le pâturage, etc.

Inutile d'ajouter qu'il faut éviter de récolter. la graine de trèfle dans les endroits habités par la Cuscute.

V. Loranthacées. — La seule espèce importante pour nous est le Gui (*Viscum album*), qui pousse sur une cinquantaine d'arbres ou arbustes.

Le chêne paraîtrait échapper à ses attaques; il serait seulement sujet à être envahi par le *Loranthus europœus*. Le Gui a un port différent suivant la plante sur laquelle il vit : il est faible et ses feuilles sont étroites sur le pin; il est plus fort que partout ailleurs sur le peuplier noir. Les graines des pieds qui viennent sur les Conifères n'ont ordinairement qu'un seul embryon, tandis que les autres en ont généralement deux. Dans des contrées différentes, le Gui habite de préférence des arbres différents : dans la province rhénane il vient surtout sur le pommier; dans le Brandebourg, sur le pin; en Prusse, sur les peupliers; en Thuringe et dans la Forêt-Noire, sur les sapins. Les forêts d'Autriche présentent assez fréquemment le *Loranthus europœus*, qui est presque inconnu en France. Mais le *Viscum album* y est commun, notamment sur les pommiers, les peupliers, les sapins, etc.

Quand on enlève l'écorce de la branche habitée par le Gui, pour voir comment celui-ci s'y attache, on découvre dans le liber des veines vertes; ce sont les racines du Gui, qui courent parallèlement à l'axe de la branche nourricière. En quelques endroits, ces racines donnent naissance à des bourgeons adventifs d'où sortent, soit de nouveaux buissons de Gui, soit des racines pivotantes, qui atteignent le bois. Ces dernières racines sont entourées chaque année par l'accroissement du bois, et alors elles s'allongent à leur point d'insertion sur la racine longitudinale qui leur a donné naissance. Au bout d'un certain nombre d'années, quand la portion du liber contenant la racine longitudinale, passe à l'état de rhytidome et meurt, alors périt aussi, avec ses rameaux et pivots, la portion de racine longitudinale qui s'y trouve, c'est-à-dire la plus âgée.

Le Gui se propage d'arbre en arbre, uniquement par sa graine.

Le mode de développement du Gui nous montre que le seul moyen de le détruire est l'excision pratiquée de bonne heure. Quand les buissons de Gui sont déjà âgés, il faut enlever de grandes quantités de bois, et jusqu'au bois le plus vieux, pour éviter la formation de bourgeons adventifs sur les racines secondaires. Il est préférable même de retrancher toute la partie de la branche qui porte le parasite.

CHAPITRE VI.

PARASITES CRYPTOGAMES.

1. INTRODUCTION.

Les parasites phanérogames sont peu nuisibles en comparaison des parasites cryptogames, qui font d'immenses ravages. Ce sont presque toujours des champignons qui deviennent, par leur parasitisme, les causes des maladies les plus variées. Avant d'aborder les maladies elles-mêmes, il nous paraît indispensable de dire quelques mots sur la structure et la manière de vivre des champignons.

Les éléments dont se composent ces derniers sont, comme pour tous les autres végétaux, les cellules. Celles-ci se superposent bout à bout, pour former des filaments appelés *hypha*, qui s'enlacent, se feutrent ou bien restent isolés. Ils constituent ces mille formes de champignons que nous observons, depuis les grands polypores, qui vivent sur les vieux arbres, jusqu'à la petite plante en miniature qui forme la rouille du blé.

Bien qu'il soit vrai qu'on n'observe pas dans les différents éléments d'un champignon la même diversité de formes et de fonctions que nous sommes habitués à admirer dans les végétaux phanérogames, nous n'y trouvons pas moins une division du travail nettement établie entre l'organe végétatif et l'organe reproducteur. L'organe végétatif ou *mycélium* est pour le champignon ce que la racine et les feuilles sont pour la plante ordinaire ; il est souvent souterrain ; d'autres fois il rampe à la surface du substratum ou bien il forme des masses de formes variées ; quant à la consistance, il est tantôt filamenteux, tantôt floconneux, tantôt dur, scléreux.

La chlorophylle, organe qui sert à l'assimilation du carbone, fait complétement défaut chez les champignons ; et ces végétaux, par conséquent privés du pouvoir de former de la matière organique, sont réduits à une vie purement parasitique.

Le produit d'assimilation de la chlorophylle le plus fréquent, l'amidon, manque également dans les champignons, et on n'y a pas encore trouvé non plus le tannin, acide végétal si fréquent chez les phanérogames.

L'organe de reproduction (graine ou semence) des champignons est la *spore*. Ce nom de *spore* a une signification très-étendue : nous pouvons en effet distinguer plusieurs sortes de spores,

Elles se forment très-souvent à l'extrémité de certaines ramifications du mycélium appelées *basides*, ou dans l'intérieur de cellules-mères appelées *asques*. Elles sont tantôt isolées, tantôt réunies en chapelets ou en glomérules. Elles sont tantôt unicellulées, et alors ou ovales, ou sphériques, ou elliptiques, ou en forme de bâtonnets; tantôt multicellulées, composées. Toutes les spores qui naissent librement à l'extrémité d'un rameau portent le nom de *conidies*.

Dans la description des parasites nous commencerons par les plus simples, en appelant le plus simple celui dans lequel il y a le moins de division de travail. La science a rangé les organismes, suivant leur perfection, en une série ascendante qui se divise en familles et en classes aussi nettement limitées que possible.

Le tableau ci-dessous résume d'une manière synoptique la classification des familles de champignons les plus intéressantes :

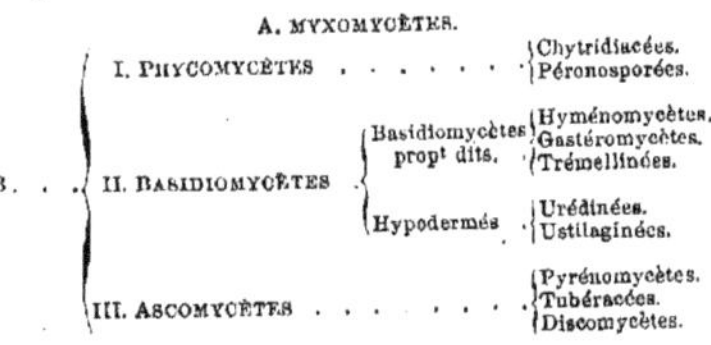

A. MYXOMYCÈTES.

B.	I. PHYCOMYCÈTES		Chytridiacées. Péronosporées.
	II. BASIDIOMYCÈTES	Basidiomycètes propt dits.	Hyménomycètes. Gastéromycètes. Trémellinées.
		Hypodermés	Urédinées. Ustilaginées.
	III. ASCOMYCÈTES		Pyrénomycètes. Tubéracées. Discomycètes.

2. PHYCOMYCÈTES.

A. *CHYTRIDIACÉES.*

Dans cette famille il faut citer comme cause de maladies le genre *Synchytrium*, qui provoque sur les plantes la formation de petites excroissances en forme de galles. Il est vrai que ces parasites ne viennent guère sur nos plantes cultivées; mais nous ne voulons pas les omettre, parce qu'ils nous fournissent l'exemple d'un champignon inférieur, dans lequel il n'y a pas encore de différenciation en un système végétatif et un système reproducteur. Ce parasite a la forme d'une sphère unicellulée, au milieu d'une cellule de la plante affectée. Pendant une grande partie de sa vie il persiste dans cet état; en hiver il est recouvert d'une enveloppe épaisse. Mais, au retour du printemps, une nouvelle vie commence : à l'intérieur de la cellule unique à paroi épaisse il se développe des cellules-filles, qui engendrent à leur tour des cellules-filles de second ordre, et ces dernières sont les spores qui servent à la reproduction du petit végétal. Elles sont privées d'une membrane cellulosique et sont munies de cils vibratiles qui leur permettent de se mouvoir dans l'eau, à la manière des infusoires; c'est pour cette raison qu'on les appelle des *zoospores*.

Les zoospores pénètrent dans une autre plante en perçant la membrane cellulaire.

Ainsi dans ce champignon si simple, l'unique cellule qui représente, pendant l'été, tout l'organe végétatif, devient à l'entrée de l'hiver une spore destinée à passer la saison froide, et au printemps, la cellule-mère des zoospores.

Les *Synchytrium* ne nuisent que d'une manière insignifiante aux plantes qu'ils habitent; la cellule attaquée grossit énormément, et souvent les cellules voisines augmentent également de volume, et s'hypertrophient par dessus la première cellule, en formant de petits nodules saillants qui, à l'œil nu, ont l'apparence de petites galles causées par des insectes.

Nous prenons comme exemple le **Synchytrium des Scabieuses** (*Synchytrium Succisæ* de By.). Ce parasite attaque le *Scabiosa Succisa* de nos bois, surtout dans les endroits humides. Les feuilles de cette plante paraissent pointillées de jaune; elles ne sont pas déformées, à moins que les petites pustules ne se trouvent exactement sur leurs bords. A la base des tiges on voit des cals allongés, jaunis, et plus tard bruns. Sur les jeunes feuilles on trouve le parasite dans les cellules épidermiques, sous forme de petites sphères de 4 millimètres de diamètre, à parois très-minces, à contenu incolore ou faiblement teinté en rouge ; puis la surface de la plante paraît garnie de perles vert pâle, marquées en leur milieu d'un enfoncement au fond duquel on aperçoit le parasite orangé.

B. *PÉRONOSPORÉES.*

Cette famille se compose des deux genres *Peronospora* et *Cystopus*. Le premier cause la maladie de la pomme de terre, du pavot, etc. Le *Cystopus* se trouve communément sur la bourse-à-pasteur; il cause aussi la maladie de la caméline et de la rave (*Brassica rapa*, var. *esculenta*) et de plusieurs autres Crucifères.

I. Peronospora infestans (*de Bary*). **Maladie des Pommes de Terre.** — Le *Peronospora infestans* est un des champignons les plus redoutables.

La maladie apparaît d'abord sur les feuilles, mais seulement quand elle est arrivée à une certaine intensité, aux mois de juillet et d'août. En cherchant avec soin, on découvre déjà quelques cas en mai et juin sur les jeunes feuilles, qui sont d'abord jaunâtres, puis brunes, et enfin noires; au début on ne trouve que de petites taches (voir fig. E, k parmi les planches en couleur) entourées d'un cercle blanchâtre; par un temps chaud la feuille noircit très-vite, et des champs entiers sont dévastés en peu de jours. Presque toujours la mort de la feuille est annoncée par un duvet blanc qui recouvre l'épiderme, encore vert.

En observant de près ce duvet, on voit qu'il est formé par des filaments ramifiés, à cavité continue, et dont la base est légèrement renflée; ces filaments sortent de l'intérieur de la plante par les stomates (fig. 2 *st*); ils apparaissent d'abord à la face inférieure des feuilles, plus tard aussi à la face supérieure. Chacune des deux ou quatre branches latérales de ce petit arbuscule se renfle à son extrémité, en forme de citron, et ce renflement, séparé de la plantule-mère par une cloison transversale, constitue la spore ou plutôt le sporange (fig. 2 *sp*), qui donne naissance plus tard aux zoospores. Dès que le sporange est constitué, il se recourbe de manière à former un angle droit avec le rameau qui le porte, et celui-ci présente à son extrémité un nouveau sporange; ce phénomène peut se répéter jusqu'à dix fois, et le même rameau porte alors autant de sporanges latéraux. Les sporanges tombent avec une facilité extrême, et on ne reconnaît plus alors leurs points d'insertion qu'à un léger renflement du pédicule.

Lors de sa germination le jeune champignon

(fig. 2 *sp.*) pénètre dans la plante par les stomates, ou plus souvent en perçant l'épiderme; dans ce cas l'endroit percé brunit, ainsi que les cellules voisines qui n'ont pas été touchées par le champignon; la matière verte se détruit, l'amidon se dissout, tout le con-

Fig. 2. — Épiderme d'une feuille de pomme de terre atteinte par le *Peronospora infestans*. — *st.* stomate de la pomme de terre; *sp.* sporanges du *Peronospora infestans*.

tenu cellulaire brunit; puis les cellules malades meurent. A mesure que s'étendent les filaments, auxquels les suçoirs font ordinairement défaut, les tissus se détruisent : la mort de ceux-ci entraîne alors la destruction partielle du parasite, qui ne vit que sur les parties fraîches de la plante.

On a aussi vu le parasite pénétrer de la même manière dans les jeunes tubercules, sur lesquels apparaissent des taches brunes, avec une dépression de l'épiderme; le tissu des tubercules ainsi attaqués est coloré en brun jusqu'à une profondeur de 3 millimètres.

De nombreux essais ont montré qu'on peut infester la pomme de terre, de feuille à feuille, de feuille à tubercule, de tubercule à feuille et de tubercule à tubercule; ainsi chaque goutte de pluie qui filtre à travers le sol peut porter les sporanges d'un tubercule malade sur le tubercule sain placé au-dessous; quand on conserve les pommes de terre en tas, le champignon se transmet facilement d'un tubercule à l'autre. Le tubercule nouvellement infesté peut avoir une apparence saine, et c'est ainsi qu'on transporte le parasite dans les champs; il y croît en même temps que la jeune plante, et celle-ci meurt quelquefois de très-bonne heure.

Il paraît qu'il existe pour la pomme de terre deux périodes de sensibilité extrême: d'abord la jeunesse et ensuite une seconde période qui s'ouvre plus tard. Celle-ci vient-elle, vers la fin de juillet, à coïncider avec de bonnes conditions de végétation pour le champignon, toutes les pommes de terre hâtives succombent rapidement, tandis que d'autres variétés résistent d'autant mieux qu'elles sont plus tardives. Ces faits et beaucoup d'autres prouvent suffisamment que le passage du mycélium du tubercule dans la partie aérienne de la plante ne se fait que dans certaines circonstances. La sécheresse tue le champignon, et on peut s'en débarrasser en conservant les pommes de terre dans un endroit sec, et non en tas.

Mais la maladie se transmet, d'une année à l'autre, par les tubercules mêmes; et si les conditions sont favorables, au printemps, le mycélium entre dans les jeunes pousses : nous avons alors, dans la plupart des cas, quelques pieds qui développent des fructifications sur leurs parties aériennes; ces plantes deviennent des foyers d'infection, qui empoisonnent des champs entiers.

Le vent peut transporter les sporanges d'un champ dans un autre situé plus bas, et qui ne tarde pas à présenter les symptômes de la maladie, si les conditions atmosphériques sont favorables au développement du champignon. Le second champ est alors plus attaqué que le premier. La pluie peut faire descendre les sporanges dans le sol, où ils vont alors attaquer les tubercules, tandis que les feuilles paraissent relativement bien portantes.

Il est très-probable que le *Peronospora infestans* possède, comme les autres *Peronospora*, des *oospores*[1] qui facilitent encore leur transmission d'un individu à un autre, au bout d'un certain laps de temps; mais on ne les a pas encore trouvées, peut-être parce qu'elles se développent sur d'autres plantes, ou qu'elles ne se forment que très-rarement.

Tous les faits relatifs à la dissémination du champignon doivent guider les recherches destinées à combattre la maladie.

Il a fallu chercher, avant tout, des matières qui tuassent le champignon sans nuire à la pomme de terre. En 1864 et 1865 on a réussi à éviter la maladie, en ajoutant au sol du bichlorure de mercure et de l'arséniate de potasse; mais ces remèdes sont trop coûteux pour être appliqués en grand. Le sulfate de cuivre, la chaux caustique, le soufre, le plâtre, sont restés sans action. Les essais qu'on a faits avec le pétrole sont restés sans résultat, et le pétrole est nuisible aux jeunes racines. Le soufre est également sans action.

Après s'être assuré que l'infection des feuilles entraine celle des tubercules, on pouvait croire qu'en enlevant les feuilles aussitôt après l'apparition de la maladie on pourrait sauver les tubercules. Mal-

[1] On a paru croire, dans ces derniers temps, que la découverte de ces organes avait été faite, presque simultanément, en Angleterre par M. Worthington G. Smith, et en Allemagne par M. de Bary.

heureusement l'expérience a bientôt prouvé que l'ablation des feuilles augmente souvent le mal; en effet, d'un côté les parcelles effeuillées avaient un chiffre plus considérable de tubercules malades; d'un autre côté les tubercules y étaient plus petits, plus pauvres en amidon, et la récolte y était d'autant plus amoindrie que l'effeuillaison avait été plus précoce.

Dans un seul cas on peut s'attendre à un résultat favorable : si le temps est tellement propice que la végétation du champignon en soit arrêtée; alors les jeunes feuilles restent saines, prennent tout leur développement et peuvent amener les tubercules à une richesse convenable. En somme les chances sont tellement faibles, que ce procédé n'a pas été adopté.

Plusieurs auteurs ont voulu prouver que la maladie de la pomme de terre est causée par une composition défavorable du sol.

Liebig, qui considérait les fumures convenables comme un palliatif contre la maladie, recommande les phosphates très-azotés; l'expérience a montré que ces fumures favorisent le développement du parasite. M. G. Ville a attribué la maladie à un défaut de potasse et à un excès d'azote; il recommande comme un engrais parfait par hectare, 400 kilogr. de phosphate de chaux, 200 kilogr. d'azotate de potasse, 300 kilogr. d'azotate de soude et 400 kilogr. de sulfate de chaux.

Des engrais normaux analogues devaient guérir les betteraves, le mûrier et les vers à soie qu'on nourrit de ses feuilles. Quand on pense combien les matières nutritives contenues dans le sol sont variées, et combien de facteurs d'un ordre tout différent, comme la situation, le sous-sol, la constitution physique du sol, influent sur la récolte, on reste convaincu de l'inanité de ces recettes. Il est certain qu'une nutrition normale est une médication préventive, excellente contre toutes les maladies; mais les fumures ne peuvent pas toujours produire cette nutrition normale.

La variété de pomme de terre exerce une influence capitale sur la quantité et la qualité de la récolte; les différentes variétés sont plus ou moins sujettes à la maladie; les variétés blanches à enveloppe mince sont plus facilement atteintes que les variétés rouges à enveloppe épaisse.

Les variétés blanches contiennent moins d'amidon et plus de cristaux de protéine que les variétés rouges. Le parasite trouve donc dans ces variétés, des aliments bien différents qui lui conviennent diversement. Or, comme la culture produit constamment des variétés nouvelles, il peut arriver qu'une variété particulièrement prédisposée tombe malade partout;

il ne faut pas croire pour cela que la culture en elle-même prédispose à la maladie. Au contraire, nous arriverons avec le temps à produire et à conserver des variétés qui résisteront à la maladie; pour cela, la seule voie sûre, mais très-longue, est l'étude des besoins de la pomme de terre, par les cultures dans l'eau et dans le sable. Avant d'arriver à des résultats par cette voie purement scientifique, nous sommes réduits à étudier, par la grande culture, l'influence des différentes conditions de végétation.

Les expériences de M. Sorauer, dans lesquelles cet auteur a planté différentes variétés, tantôt sur des buttes, tantôt dans des fossés, ont montré que les variétés blanches s'adaptent mieux à une plantation profonde. Les pommes de terre rouges et les blanches se comportent de la même manière vis-à-vis des engrais; elles produisent une récolte beaucoup plus considérable, mais moins riche en fécule, dans un sol fumé que dans un sol non fumé, sur les buttes que dans les fossés.

Nous avons dit plus haut que les variétés blanches sont plus sujettes à la maladie que les autres; leur enveloppe mince et leur richesse en albumine sont un substratum favorable au développement du champignon; la fumure récente augmente encore les risques.

Pour échapper au fléau, il est donc opportun de

planter les pommes de terre sur des buttes, dans une terre qui n'a pas été fraîchement fumée, mais qui est assez grasse. La qualité de la récolte compensera ce qui manquera en quantité. Le choix des variétés sera aussi de grande importance, la variété la plus hâtive pouvant avoir développé ses tubercules avant l'époque habituelle de l'apparition du parasite.

M. Berkeley décrit un *Peronospora sparsa* qui en Angleterre tue les feuilles de rosier dans les serres. Schacht attribue à un *P.* (*effusa?*) la mort des feuilles centrales de la betterave. MM. Lebert et Cohn ont trouvé dans un *P.* (*cactorum*) la cause de la pourriture des tiges de cactus.

II. Peronospora Fagi (*Robert Hartig*). **Maladie des Cotylédons du Hètre.** — Cette maladie du hètre sévit dans les coupes d'ensemencement et dans les pépinières. Elle apparaît pendant la seconde quinzaine de juin, sur les cotylédons du hètre, lorsque les jeunes plants ont développé leurs deux premières feuilles. La pourriture se montre à la base des cotylédons, et peu à peu les envahit entièrement; puis le plant meurt et sèche. L'humidité et l'ombrage favorisent le développement de cette maladie, qui, du point où elle prend naissance, peut en quelques semaines s'étendre sur de grandes surfaces.

La maladie des cotylédons du hêtre se comporte comme la maladie des pommes de terre. Elle est produite par un parasite voisin du *Peronospora infestans*, et Robert Hartig a donné à ce champignon le nom de *Peronospora Fagi*. Cette Péronosporée se développe dans les cotylédons encore sains, puis elle émet, par les ouvertures des stomates, quelques filaments qui produisent des zoosporanges. Ceux-ci, disséminés par le vent sur les plants voisins, y portent la contagion. Alors, comme on l'observe pour la maladie de la pomme de terre, un plant malade répand, si le temps est humide, la mortalité dans un grand rayon.

Outre les zoosporanges, le *Peronospora Fagi* produit en même temps, mais à l'intérieur des cotylédons, et à la suite d'une fécondation sexuelle, des oospores. Quand celles-ci sont mûres, les cotylédons commencent à pourrir, et les champignons les plus divers s'y installent. Enfin les cotylédons décomposés tombent sur le sol avec les oospores qui y passent l'hiver. Celles-ci doivent s'y trouver alors en grand nombre, car Robert Hartig en a compté 700,000 dans un seul cotylédon. Au printemps suivant, si l'on fait un semis de hêtre sur ce terrain, les oospores atteignent les cotylédons des jeunes plants, y germent, et produisent de nouveau la maladie. Il en résulte que, dans une pépinière ou dans tout autre emplacement où sévit la maladie des cotylédons du hêtre, il faut supprimer les semis de hêtres pendant quelques années, et cultiver une autre essence.

Enfin, pour empêcher que la dissémination des feuilles cotylédonaires atteintes du *Peronospora Fagi* ne propage la maladie, il est prudent de les enfouir profondément ou de les brûler.

3. HYPODERMÉS.

A. *USTILAGINÉES.*

Les Ustilaginées apparaissent à l'œil nu comme de petites masses pulvérulentes brunes ou noires; ces masses sont uniquement composées de spores, seuls restes du champignon à l'état de maturité. Le mycélium a la forme de filaments très-visibles, souvent limités par un double contour, et ramifiés; leur contenu est limpide ou mousseux. Les filaments se dirigent généralement dans le même sens que les parties des plantes qu'ils habitent; et ils s'y tiennent ordinairement dans les méats intercellulaires, d'où ils envoient dans les cellules de courts rameaux latéraux qui s'y agglomèrent et servent de suçoirs. Ces champignons n'attaquent pas les plantes adultes; ils y pénètrent au moment de leur germination, alors que la première feuille n'a pas encore percé sa gaîne blanchâtre (céréales), soit par le premier nœud, soit par la coléorhize, soit par les jeunes gaînes; de là ils s'étendent à mesure que la plante croît, pour développer leurs spores dans des endroits déterminés, par exemple dans les fleurs.

Le mycélium de plusieurs Ustilaginées peut persister pendant un grand nombre d'années dans une plante vivace.

I. **La Carie** (*Tilletia Caries* Tul., et *Tilletia lævis* Kühn). — Ces deux champignons attaquent le blé, surtout le *Triticum vulgare* Vill., moins le *T. monococcum* L. et le *T. Spelta* L. On les trouve aussi sur quelques Graminées sauvages.

Ils causent la maladie dangereuse connue sous le nom de *carie*. Avant le développement de l'épi, elle est difficile à reconnaître; une coloration plus foncée, et un développement en apparence plus exubérant, en sont les symptômes uniques. Les épillets sont un peu plus étroits, vert bleuâtre, un peu plus écartés les uns des autres, et forment un angle plus ouvert avec le rachis; les feuilles jaunissent légèrement. Pendant la floraison, l'ovaire attaqué a une coloration bleuâtre, et commence déjà à grossir, tandis que la croissance de l'ovaire sain est encore stationnaire. Plus tard les épis cariés restent en retard et sont dressés, tandis que les épis sains s'inclinent à mesure que le grain se développe. Les épillets écartés donnent à l'épi malade un aspect singulier, et, à travers les glumelles, les grains montrent leur couleur foncée. Extérieurement le grain paraît intact; mais si on l'écrase, on le trouve rempli d'une poussière noire, composée des spores libres ou encore accolées du champignon, et formant d'abord une masse pâteuse, d'une odeur désagréable de marée, due au dégagement de la triméthylamine, produit de la décomposition des matières azotées du parasite.

Quand on fait une coupe à travers l'ovaire, au moment où l'épi sort de la gaîne supérieure, on trouve, à la place de l'ovule, un lacis de filaments mycéliens, dont les extrémités portent les spores sur de courts rameaux.

Une faible quantité de spores importées dans un champ peut occasionner, l'année suivante, des dégâts considérables. En effet, ces spores germent, et entrent dans les jeunes plants en perçant leurs cellules. S'il y a peu de spores, il peut arriver que le parasite pénètre surtout dans les pousses latérales, et respecte l'axe principal; le cas contraire peut se présenter aussi.

L'inoculation du *Tilletia Caries* sur le blé réussit assez facilement. La semence de blé saupoudrée des spores de ce parasite produit des épis dont un tiers au moins est carié.

II. Ustilago. — Le genre *Ustilago* compte un nombre d'espèces bien plus considérable que le genre *Tilletia*, et ces espèces vivent sur les Graminées, les Cypéracées, sur quelques plantes à oignons, sur quelques œillets, sur les Polygonées, Composées, etc.

La fleur et l'ovaire sont détruits comme dans la carie; mais ici nous avons affaire à une poussière noirâtre qui apparaît librement au jour, au lieu de rester enfermée dans l'ovaire. Cette poussière noire, qui fait connaître de loin les épis malades, est formée par les spores. Le mycélium est très-variable d'une espèce à l'autre.

1. *Charbon des céréales* (*Ustilago Carbo* Tul.). —Le même *Ustilago* s'attaque au blé, à l'orge (fig. 3), et surtout à l'avoine (fig. 4); comme la carie, il attaque l'épeautre et le *Triticum monoccocum* moins que le blé ordinaire. Le seigle a son propre *Ustilago* (*U. Secalis* Rabh.).

A la maturité on ne trouve plus que les spores, quand l'épi est encore enfermé dans la gaîne supé-

Fig. 3.
Orge atteinte par le charbon.

Fig. 4.
Avoine atteinte par le charbon.

rieure, on aperçoit déjà la masse noire. On peut constater dans l'avoine (fig. 4) la distribution irrégulière du champignon : dans la même panicule on trouve des grains sains et des grains malades ; dans les épis de blé et d'orge, les grains qui ne sont pas attaqués par le champignon avortent, au contraire, presque toujours. A l'état jeune on trouve dans l'avoine une masse molle, blanchâtre, constituée par des filaments mycéliens pelotonnés sur eux-mêmes, qui donnent naissance aux spores.

Les expériences de M. J. Kühn sur la *carie* laissaient soupçonner que le *charbon* se comportait de même lors de sa reproduction ; depuis, la pénétration du parasite dans la plante a été observée par M. Hoffmann. Ses essais d'inoculation, continués pendant six années, sur des plantes en fleurs aussi bien que sur des graines en germination, ont montré que les spores portées sur la jeune coléorhize d'une radicule d'orge, germent aussitôt, et que son mycélium traverse les cellules, puis monte avec la plante. Le champignon peut également pénétrer dans la plante par le premier nœud de la tige, ou par le collet de la racine.

2. *Charbon du millet* (*Ustilago destruens* Schlecht., Duby). — Cette maladie a peu d'importance, parce que le millet est peu cultivé ; mais, dans certaines contrées, le charbon l'attaque très-régulière-

ment, et y cause des ravages considérables en détruisant complétement les inflorescences. Dans cette maladie, la marche de la végétation est à peu près la même que dans l'*Ustilago Carbo*; la partie atteinte est plus contrefaite, à cause du hâtif développement des spores par rapport à celui de l'inflorescence. Quand l'inflorescence est encore complétement enveloppée dans les gaînes, les spores forment déjà une poudre lâchement unie et conglomérée. Ce n'est que dans des cas rares que les rameaux de l'inflorescence peuvent se développer; ordinairement toute l'inflorescence n'a que la forme d'un cône jaune grisâtre enfermé dans la gaîne. Celle-ci se déchire quand le cône est desséché, et alors il s'en échappe des spores colorées en brun noirâtre. Quand quelques-uns des rameaux de l'inflorescence se développent, ils sont tordus et mal venus. On peut reconnaître la maladie avant l'irruption des spores; car alors les feuilles du millet atteint par le charbon se dessèchent à leurs sommets, et sont plus velues qu'à l'état normal.

Ce parasite pénètre dans le millet comme l'*Ustilago Carbo* dans l'orge.

3. *Charbon du maïs* (*Ustilago Maydis* Tul.). — Ce parasite ne se borne pas à détruire les épis; mais il produit aussi sur les tiges et les feuilles de grandes excroissances qui sont remplies de spores,

Cette poudre agit comme un véritable poison sur l'économie animale et empoisonne le fourrage de maïs.

Le charbon du maïs se distingue des autres espèces de charbon par la formation de pustules particulières, blanchâtres, luisantes, latéralement aplaties, pédiculées en forme de massue, longues quelquefois d'un pouce, et dont les parois sont formées par les tissus hypertrophiés du maïs. Ces pustules sont remplies de spores, et se réunissent en nombre considérable sur la tige, pour y former des bosses grosses comme le poing. Comme il y en a beaucoup sur l'épi (voir fig. F, b, parmi les planches en couleur), on croirait volontiers à une altération directe du grain de maïs; mais les mêmes excroissances qui apparaissent tout à la base, près de la tige, prouvent qu'il n'en est rien. Quand les pustules sont presque arrivées à leur développement complet, elles présentent, sous leur peau tendue, une masse gluante, noire, et qui garde l'empreinte du doigt. Elles se dessèchent plus tard et se résolvent en partie en poussière, quand leur peau flétrie et desséchée se déchire.

4. *Charbon du seigle* (*Ustilago Secalis* Rabh.). —

Le charbon du seigle est bien plus rare que les autres, et peu connu. L'épi souffrant n'a rien d'anormal; le fruit seul est plus court, renflé tantôt au milieu, tantôt au sommet, et coloré en brun. Quand on le touche, son enveloppe se déchire et montre le grain rempli d'une poussière brun noirâtre et sans odeur.

III. Charbon des Tiges de Seigle (*Urocystis occulta* Rabh.). — Cette maladie, plus fréquente que la précédente, ne se rencontre cependant qu'exceptionnellement sur le seigle et sur le blé. Le champignon qui la cause, l'*Urocystis occulta*, apparaît dans la tige et dans les gaînes, aussi bien que dans l'ovaire; c'est surtout l'entre-nœud supérieur qui en souffre; souvent il se fend sur le côté, et laisse échapper les spores du champignon, qui forment une poussière noire. Quelquefois toutes les parties de la plante sont atteintes, et les épis eux-mêmes sont complétement charbonneux. Dans d'autres cas les parties végétatives sont très-malades; mais l'épi lui-même n'est pas charbonneux, il est seulement desséché; parfois l'épi ne peut même pas se dégager des gaînes supérieures. Quand les organes végétatifs sont charbonneux, on découvre le champignon dans le tissu cellulaire, entre les faisceaux fibro-vasculaires, sous forme de lignes blanchâtres de différentes longueurs; ces lignes noircissent peu à peu, l'épiderme éclate, et les spores deviennent libres.

Maintenant que nous avons étudié les champignons qui causent le charbon, nous saurons apprécier les causes auxquelles on l'attribuait autrefois. Une situation abritée et humide, un sol imperméable, des brouillards puants, une nutrition pauvre, du fumier frais, ne peuvent pas causer le charbon; mais ils peuvent en favoriser le développement, parce que, sous l'influence de ces différents agents, les plantes persistent plus longtemps dans un état de jeunesse qui les expose à l'infection, et que ces mêmes agents favorisent la germination des spores. Un semis trop superficiel expose également la jeune plante aux attaques du parasite. Pour prévenir le charbon, il faut chercher à hâter le développement de la première feuille par le drainage, et par un semis fait de bonne heure par un temps chaud. Les meilleurs remèdes contre le charbon sont ceux qu'indique M. Kühn : des semences saines, lourdes, bien développées, et bien lavées au sulfate de cuivre quand elles proviennent d'un champ charbonneux, pour enlever les spores qui pourraient y adhérer. Un simple lavage à l'eau ne suffit pas alors, et l'on doit saupoudrer les semences avec de la chaux caustique, ou, ce qui vaut mieux, les laisser macérer pendant douze à seize heures dans une solution très-étendue de sulfate de cuivre. Pour 250 litres de grains on prend un demi-kilogramme de sulfate de cuivre, qu'on dissout dans de l'eau chaude, et qu'on étend ensuite d'eau froide jusqu'à ce que les grains soient couverts; on agite à plusieurs reprises et on écarte tout ce qui flotte; au bout de douze heures, ou même de seize heures si les grains sont très-charbonneux, on les étend, et on les retourne plusieurs fois; on peut ainsi les ressuyer suffisamment pour les semer à la main après quelques heures, et à la machine après vingt-quatre heures.

Ce mode de sulfatage avait été jadis préconisé par Mathieu de Dombasle; mais dans ces derniers temps MM. Nobbe et Kühn se sont encore une fois occupés de cette question. Ils se sont demandé si l'aspersion réitérée des tas de blé avec une solution de sulfate de cuivre ne serait pas aussi efficace; cette opération a produit en effet le même résultat que la macération; mais pour arriver à un résultat complet, il faut une main-d'œuvre assez considérable. La macération doit être longtemps prolongée, parce que l'air, adhérant avec une grande ténacité aux grains, empêche le contact entre le liquide et les spores, et que les grains complétement charbonneux doivent être totalement pénétrés du sel, pour que les spores du centre soient tuées.

Dans une autre série d'expériences on s'est demandé si le blé battu à la main se comporte de la même manière que le blé battu à la machine. La réponse a été négative; le blé battu à la main contient moins de grains qui ne germent pas; la machine brise un certain nombre de grains qui sont ensuite tués par le sulfate de cuivre. Quant à la concentration du liquide, les grains macérés pendant vingt-quatre heures, dans un liquide à 1 p. 100, ont donné 4 p. 100 de perte. Quelques-unes des plantes germées se distinguaient par leurs gaînes exceptionnellement courtes, et par la largeur du limbe de leurs feuilles inférieures, qui étaient souvent fendues par le milieu. Ces effets doivent être attribués à une action trop forte du sulfate de cuivre; c'est pour cette raison que M. Kühn recommande, comme suffisante, une macération durant seize heures dans une solution à 1/2 p. 100.

On ne peut cependant pas nier que, malgré le peu de concentration de cette solution, il y ait une certaine perte, et il faut prendre un tiers de semence de froment en plus, quand celle-ci a été traitée au sulfate de cuivre; la germination proprement dite est ralentie. Même après un séjour d'une heure dans une solution à 0,1 p. 100, on constate une action nuisible; le grain s'ouvre plus tard et empêche quelquefois l'épanouissement de la plumule; ou bien la première gaîne ne se fend pas, et le cône de feuilles enfermées se recourbe dans tous les sens, puis finit par se dégager latéralement en forme d'arc, tandis que son sommet reste encore longtemps engagé dans la pointe des gaînes; dans d'autres cas, la première feuille engaînante est détachée près de sa base. Le développement des radicules est souvent tellement influencé, qu'il ne s'en forme pas du tout, quoique la plumule soit souvent assez longue. Quand les radicules sortent, leur pointe est brune au lieu d'être jaune, et elles restent bien chétives pendant quelque temps.

Malgré tous les défauts de ce procédé, il ne faut pas hésiter à l'employer. Il en résulte bien qu'une partie des graines ne lèvent pas aussi vite que les autres, ce qui donne de l'inégalité au semis. Cependant au bout d'un ou de deux jours ces inégalités s'effacent.

L'expérience a montré que la chaux contenue dans le sol diminue ou fait disparaître les effets toxiques du sulfate de cuivre; en lavant avec un lait de chaux les graines macérées, on améliore la germination.

La macération dans l'acide sulfurique à 0,75 p. 100 d'eau, recommandée également par M. Kühn, est bien plus nuisible; les grains ainsi macérés moisissent très facilement, et ne sèchent qu'avec une difficulté extrême. Le lavage dans un lait de chaux, pendant quelques minutes, neutralise les effets nuisibles d'une macération de dix-sept heures.

Le sulfate de cuivre produit de bons effets contre

le charbon du maïs aussi bien que contre la carie du blé. Pour le charbon du blé et du millet, c'est un excellent palliatif. Pour le charbon du millet on est revenu dans ces derniers temps à un remède déjà ancien, au grillage des spores par un feu très-léger ; un ouvrier tient un bouchon de paille enflammé, long d'un mètre; un second ouvrier tient un balai de ramilles, à un mètre au-dessus du bouchon de paille; un troisième verse lentement les grains à travers les ramilles du balai, sur la flamme de la paille.

Tous ces remèdes sont illusoires quand on se sert de paille charbonneuse pour la préparation du fumier. Dans un champ ensemencé avec du blé traité au sulfate de cuivre, on avait couvert une certaine surface avec de la paille charbonneuse, qu'on enterra ensuite par le labourage; en cet endroit on trouva, lors de la récolte, un sixième ou même un cinquième des épis atteint du charbon, tandis que pas un seul ne l'était dans le surplus du champ.

B. *URÉDINÉES* (*ROUILLES*).

La rouille se présente dans presque toutes les familles du règne végétal, sur toutes les parties vertes des plantes, sous forme de taches jaunes ou brunes. La rouille est bien plus fréquente que le charbon; mais elle est bien moins nuisible, parce qu'elle ne détruit que certaines parties du système végétatif, surtout les feuilles, tandis que le charbon détruit les organes de reproduction.

Les champignons qui causent la rouille étendent leur mycélium cloisonné au milieu du tissu des plantes qu'ils envahissent. Par endroits, les filaments de ces champignons s'enchevêtrent, et forment un feutre (*stroma*) situé au-dessous de l'épiderme, et dont la composition est difficile à reconnaître. Sur les rameaux perpendiculaires qui partent de ce stroma naissent les spores, dont la forme et la disposition varient suivant les phases du développement du champignon; les différentes formes se suivent toujours dans le même ordre; leur dissemblance est telle, chez la même Urédinée, qu'on les a regardées pendant longtemps comme appartenant à des espèces différentes. L'intérêt que présentent ces générations alternantes s'est encore accru par cette circonstance que certaines de ces formes viennent sur d'autres plantes nourricières. Il y a des espèces de rouille qui accomplissent tout leur développement sur la même plante; elles sont dites autoïques ou monoxènes; d'autres exigent, pour le développement de leurs différentes formes de spores, des hôtes différents; elles sont dites hétéroïques ou hétéroxènes.

A ces dernières appartiennent les :

I. Rouilles (Puccinia). — 1. *Rouilles du Blé.* Elles comprennent le *Puccinia Graminis* Pers., le *P. Straminis* de By. et le *P. coronata* Corda.

Ces *Puccinia* se distinguent entre eux par la forme de leurs spores, par leur groupement, et par les plantes nourricières dont ils ont besoin pour leur développement.

Les deux espèces les plus communes sont le *Puccinia Graminis* et le *P. Straminis*, qui viennent sur le blé, l'avoine, le seigle, l'orge. Le *P. coronata*, qu'on a surtout trouvé sur l'avoine, est plus rare. Ces trois espèces présentent la même marche dans leur développement.

Elles forment d'abord, sur les jeunes feuilles des céréales, des taches jaunes ou brunes (voir fig. G parmi les planches en couleur), qui se transforment plus tard en pustules poudreuses, jaunes d'or; celles-ci sont composées de cellules sphériques ou elliptiques, jaunes (fig. 5 *u*), qui sont insérées sur des stérigmates hyalins, implantés eux-mêmes sur le stroma sous-épidermique (fig. 5 *st*).

Ces cellules sont des *stylospores ;* elles sont nommées aussi *urédospores*. Elles se détachent facilement, et montrent, dans leur protoplasma granuleux, quelques gouttelettes jaunes ou orangées. Considérée d'abord comme une espèce particulière, cette forme avait reçu le nom d'*Uredo;* les premières spores ou urédospores du *P. graminis*, qui apparaissent au printemps ou au commencement de l'été, sont ovales ou elliptiques (fig. 5 *u*).

Fig. 5. — *Puccinia Graminis*. — *st.*, stroma; *u*, urédospore; *t*, téleutospore.

Les urédospores propagent rapidement le champignon dans la saison chaude, et elles germent déjà en moins de trois heures. Le boyau germinatif pénètre par un stomate dans les tissus sains. Il y engendre un mycélium qui se condense très-vite en un nouveau stroma, et donne de nouvelles urédospores au bout de six à dix jours. En présence de cette rapidité d'évolution, on comprend facilement qu'une petite quantité de spores peut infester tout un champ en peu de temps, et qu'au printemps des conditions atmosphériques favorables suffisent pour provoquer l'apparition épidémique de la rouille. Mais l'infection directe par des spores n'est même pas nécessaire au printemps : il a été prouvé que le mycélium de la rouille, au moins celui du *P. straminis*, hiverne parfaitement, sans mourir, dans le parenchyme des feuilles du blé.

C'est à la même place que les urédospores qu'apparaissent plus tard, en automne, des spores d'une structure plus solide, qui passent l'hiver, et qui ont reçu le nom de *téleutospores ;* elles sont composées de deux cellules, tandis que les urédospores n'ont qu'une seule cellule. La membrane des téleutospores est épaisse et brune, et celles-ci sont implantées sur des pédicules clairs, qui ne se détachent pas des spores. Les téleutospores portaient autrefois, quand on les considérait comme une espèce particulière, le nom de *Puccinia*, qui est devenu depuis le nom générique des rouilles. Le *Puccinia Graminis* (fig. 5 *t*) a des téleutospores allongées, étranglées au milieu, épaissies au sommet, et souvent terminées en une petite pointe; le pédicule égale à peu près la longueur des spores.

Fig. 6. Téleutospore germant. — *pr*, promycélium; *st*, stérigmate; *sp*, sporidie.

Toutes les téleutospores ont besoin d'une période de repos avant de germer; quand elle est passée, c'est-à-dire au printemps, elles développent un boyau germinatif appelé *promycélium* (fig. 6 *pr*), cloisonné, court, épais, incolore, terminé par un petit nombre de stérigmates (fig. 6 *st*), dont chacun porte une sporidie (fig. 6 *sp*) réniforme.

Ces sporidies tombent très-facilement et germent; mais le nouveau boyau germinatif ne peut se développer en un mycélium que lorsqu'on le transporte sur une plante convenable; c'est ainsi que sur les feuilles de Graminées il ne s'accroît pas, et que la plante nourricière est différente pour chaque espèce. Le *Puccinia Graminis* exige les feuilles de l'épine-vinette (*Berberis vulgaris* L.); le *Puccinia Straminis*, celles des Borraginées (*Anchusa officinalis* L., *Symphytum officinale* L., *Pulmonaria officinalis* L.). Le *Puccinia coronata* exige les feuilles des nerpruns (*Rhamnus catharticus* L., *Rh. frangula* L., *Rh. alpina* L.). Quand le boyau germinatif trouve la plante qui lui convient, il traverse les parois de son épiderme, et pénètre à l'intérieur de la plante. Là il développe son mycélium, et, au bout de quatorze jours, apparaît une nouvelle forme de fructification, qui a reçu le nom d'*Æcidium* (voir fig. H, a, parmi les planches en couleur), et qui avait été considérée jadis comme une espèce indépendante.

Par des essais d'inoculation directe, M. de Bary a montré que le mycélium, bientôt visible, développe dans l'intérieur de la feuille, près de sa face supérieure, des conceptacles appelés *spermogonies* (fig. 7 *sp*), et qui, en grandissant, s'épanouissent, sous forme de pustules jaunes, à la face supérieure de la feuille. L'ouverture des spermogonies est garnie de poils courts et fins. Des parois internes des spermogonies partent des rameaux petits, très-nombreux, très-fins, très-serrés, et qui engendrent à leur sommet de petites cellules en forme de bâtonnets et appelées *spermaties*. Placées dans des conditions convenables, les spermaties germent, et donnent naissance à des spores secondaires ou sporidies[1].

Quelques jours plus tard se développe dans le voisinage des *spermogonies* la forme de fructification qu'on considère comme la plus élevée, l'*Æcidium* (fig. 7 *a*). Ce sont des capsules sphériques, revêtues d'une enveloppe propre, appelée *peridium* (fig. 7 *h*), et qui s'ouvrent à la face inférieure de la feuille en émettant des spores jaunes (fig. 7 *a*). Ces spores arrondies, ou rendues polyédriques par la pression, et revêtues d'une membrane assez épaisse, forment dans l'*Æcidium* des files (fig. 7 *r*) semblables à des chapelets, plantées sur de petits pédoncules ou basides (fig. 7 *b*), de couleur terne, et qui ne

[1] M. Maxime Cornu est le premier qui ait appelé l'attention sur ce fait.

sont eux-mêmes que des rameaux d'un stroma (fig. 7 *st*) dense, formé par le mycélium de la base de la capsule. Les spores de l'*Æcidium Berberidis* (voir fig. H *a*, parmi les planches en couleur), semées sur des feuilles de blé, germent, et leurs boyaux germinatifs pénètrent par les stomates dans

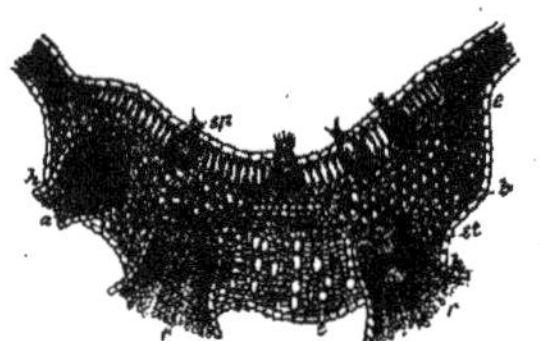

Fig. 7. — Section transversale de la feuille du *Berberis vulgaris*, avec spormogonies, *sp.*, et æcidiums; *e*, épiderme de la feuille; *h*, peridium de l'æcidium; *a*, spores de l'æcidium; *r*, files de spores de l'æcidium; *b*, basides de l'æcidium; *st*, stroma de l'æcidium.

ces feuilles, puis s'y développent en un mycélium qui produit des urédospores au bout de quatorze jours.

Cette découverte est venue confirmer l'opinion bien souvent émise par les agriculteurs et combattue par la science, que le voisinage de l'épine-vinette cause la rouille du blé.

M. de Bary a démontré les mêmes relations entre le *Puccinia straminis* et l'*Æcidium Asperifolii*, entre le *P. coronata* et l'*Æc. Rhamni*.

Ces générations alternantes ne sont pas seulement très-importantes pour la science, mais aussi pour la pratique. Nous voyons que nous avons à poursuivre l'ennemi sur maintes plantes herbacées ou ligneuses sauvages, aussi bien que sur les céréales et les graminées des prairies. Dans ces conditions, il ne faut même pas songer à détruire le parasite ; la seule ressource qui nous reste consiste à lui offrir un substratum aussi défavorable que possible, en cultivant des variétés qui souffrent moins de la rouille, en élevant des plantes bien normalement développées, vigoureuses, mais non exubérantes.

Les plantes qui développent lentement leurs feuilles sont exposées aux atteintes de la rouille plus longtemps que celles dont les feuilles se développent rapidement. C'est pour cela que le blé d'hiver souffre plus que le blé d'été.

Le blé de Pologne (*Triticum polonicum*), l'épeautre (*Triticum Spelta*) et le blé anglais (*Tr. turgidum*) sont moins sujets à la rouille.

D'après M. P. Pietrusky, les variétés qui résistent le mieux à la rouille sont :

1° Le blé du Bengale et le blé géant d'Elcy ;

2° Le Camfsane price, le blé-champion, le blé géant de Richmond, le blé rouge à six rangs et le Prince Albert ;

3° Le blé nouveau de Castille ;

4° Le blé hérisson et le blé velouté brun ;

5° Le blé géant de Sainte-Hélène, le blé velouté rouge et le blé tunisien ;

6° Le *Triticum monococcum ;*

7° L'épeautre.

Ces résultats des expériences de M. Pietrusky, comme ceux de toutes les expériences de grande culture, n'ont de valeur pour d'autres terres qu'en ce sens, qu'ils peuvent servir à diriger d'autres essais. Dans ces expériences, la culture, les fumures, la nature du sol n'avaient cependant exercé aucune influence visible, de sorte qu'il faut croire que la variété seule avait agi.

Dans d'autres cas, la culture avait eu une influence manifeste sur l'irruption de la rouille. Ainsi des champs de seigle, ensemencés avec la même graine, travaillés de la même manière et presque en même temps, mais inégalement fumés, ont été très-inégalement attaqués par la rouille. Les champs les plus fumés étaient alors les plus malades. Les fumures très-riches, très-azotées, prédisposent en effet les plantes à la rouille, et cette circonstance est très-explicable par la prédilection avec laquelle le champignon attaque les jeunes organes.

D'autres altérations peuvent aussi prédisposer à la rouille : ainsi on l'a vue se développer avec vigueur sur les glumelles des épis cariés, tandis que les blés non cariés n'ont de rouille que sur les feuilles.

Il arrive quelquefois, à la suite de pluies d'orage, que la végétation du *Puccinia* s'arrête subitement sur quelques variétés; on dit alors généralement dans la pratique que la pluie a lavé la rouille; la science n'a pas encore découvert la véritable cause de ce singulier phénomène; il est possible qu'elle réside dans une augmentation subite de l'énergie végétative de la plante.

Malgré la meilleure culture et le choix le plus minutieux de variétés convenables, on ne peut pas empêcher, d'une manière absolue, l'irruption de la rouille; et ce fait est bien explicable par le nombre considérable de plantes sauvages communes atteintes de l'une des formes de *Puccinia*. Sans parler des plantes qui portent les Æcidiums, nous dirons seulement que beaucoup de Graminées sauvages souffrent de la rouille autant ou plus que les céréales.

Toutes les espèces très-nombreuses du genre *Puccinia* ne vivent pas indistinctement sur un aussi grand nombre de plantes; quelques-unes habitent un seul genre ou même une seule espèce, comme la suivante.

2. *Rouille du tournesol* (*Puccinia Helianthi* Schweinitz). Celle-ci, pendant les dernières années, a tellement ravagé les plantations de

tournesol dans la Russie méridionale[1], qu'on a été obligé dans certains endroits de renoncer complétement à cette culture. Les essais de M. Woronin pour propager sur d'autres plantes le *Puccinia Helianthi*, en semant ses urédospores, ses téleutospores et les spores de son æcidium, ont montré qu'on ne peut transplanter ce champignon sur aucune des nombreuses Composées sauvages qui poussent dans le voisinage des plantations de tournesol, et malgré cela beaucoup de ces Composées étaient également malades de la rouille, notamment les chardons. Réciproquement les champignons de ces derniers ne pouvaient être transplantés sur le tournesol. La tentative d'inoculer cette puccinie sur le topinambour, qui est très-voisin du soleil, a été suivie également d'un résultat négatif. Le remède à employer contre ce parasite repose sur l'observation suivante. Les semences des champignons de rouille qui conservent le plus longtemps leurs facultés germinatives, ce sont les téleutospores; or celles du *Puccinia Helianthi* ne germent plus guère au bout d'un an; semées au printemps, elles germent en douze heures, mais au mois de juillet il leur faut déjà quatre jours, et au printemps suivant elles ne germent plus du tout. Comme on a affaire ici à

[1] Le tournesol est cultivé en Russie pour l'huile qu'on extrait de ses graines.

un parasite qui n'habite que le tournesol, il suffit donc, pour le détruire, de suspendre pendant un ou deux ans la culture de cette plante.

Cette épidémie est particulièrement intéressante par ce fait, qu'elle a subitement fait irruption après une culture non troublée de trente à quarante ans.

Nous ne serons pas étonnés de voir apparaître subitement une maladie semblable sur une plante cultivée, quand les conditions seront particulièrement favorables au développement du parasite. Nous avons à enregistrer un cas de cette nature qui s'est présenté dans ces dernières années : c'est l'apparition du *Puccinia Malvacearum*, qui est venu ravager les mauves et les roses trémières de nos jardins.

Pour toutes les plantes, quelles qu'elles soient, il existe une période où leur reproduction est la plus active, et cette période est d'autant moins longue que la durée de la plante est elle-même plus courte. Pour les champignons qui traversent en très-peu de temps toutes les phases de leur développement, cette période est très-passagère, et si elle ne coïncide pas avec des conditions très-favorables, le parasite ne se multiplie que médiocrement. Ces considérations, qui s'appliquent au charbon, à la rouille, à l'ergot, etc., expliquent assez bien l'apparition subite et la disparition non moins rapide de ces épidémies.

3. *Rouille des asperges* (*Puccinia Asparagi*

DC.). — Cette puccinie, comme la précédente, développe toutes ses formes sur la même plante ; elle est autoïque. C'est en automne, lorsque les urédospores ont disparu et qu'il ne se forme plus que des téleutospores, qu'il faut combattre le *Puccinia Asparagi*. Comme on sait qu'au printemps il se développera d'autant plus d'Æcidiums qu'il y a plus de téleutospores qui traversent l'hiver, il faut, en automne, enlever avec soin toutes les tiges rouillées, et les brûler, pour détruire les téleutospores. Au printemps il est beaucoup plus difficile et presque impraticable de couper les tiges vertes qui, par leurs ponctuations jaunes, nous montrent le parasite sous la forme d'Æcidiums.

Outre ces espèces, citons seulement :

Le *Puccinia Prunorum* Lk., sur le prunier et le prunellier.

Le *P. Spergulæ* DC., sur la spargoute.

Le *P. Apii* Fuck., sur le céleri.

Le *P. Umbelliferarum* DC., sur beaucoup d'autres Ombellifères.

Le *P. Asperulæ* Fuck., sur l'*Asperula odorata*.

Le *P. mixta* Fuck., sur l'*Allium schœnoprasum*

Le *P. Discoidearum* Lk., sur l'absinthe et l'estragon.

Le *P. Violæ* DC., sur la violette.

Le *P. Allii* Rud., sur l'oignon.

II. Rouille des Betteraves (*Uromyces Betæ* Tul.). — En automne les feuilles de la betterave à sucre, et celles des autres betteraves, présentent sur leurs deux faces de petits tas d'une poussière brune ; ces tas se composent de spores très-nombreuses ; ils soulèvent l'épiderme en forme de pustule, et le font éclater, pour apparaître au jour sous la forme de rouille. A mesure que l'automne avance, on voit augmenter, parmi les urédospores dont la couleur est claire, le nombre des téleutospores, qui sont ovales, brunes et à parois épaisses. Quand les téleutospores sont mûres, elles tombent avec leurs pédicules ; l'extrémité opposée à l'insertion du pédicule donne issue au boyau germinatif ou promycélium, à croissance limitée, lequel engendre des sporidies sur de courts rameaux.

Les sporidies germent au printemps, et leur produit est la forme la plus élevée du champignon, l'*Æcidium* avec ses précurseurs les spermogonies, renfermant des spermaties. A cette époque les Æcidiums constituent des taches arrondies sur les feuilles, et allongées sur les tiges. A l'emplacement de ces taches l'épiderme, éclate et laisse voir de petites coupes à *peridium* blanc et remplies de spores jaunes très-nombreuses disposées en chapelets. C'est ainsi que se termine le cycle végétatif de l'*Uromyces Betæ*.

Les spores de l'*Æcidium Betæ*, germant, pénètrent par les stomates dans l'intérieur des feuilles de betterave, où le mycélium court dans les méats intercellulaires, en envoyant des suçoirs à l'intérieur des cellules; il donne ensuite naissance à des urédospores.

Ce champignon n'a encore été observé que sur les betteraves; cette circonstance est importante, parce qu'elle permet de détruire le parasite avec certitude. Les téleutospores, qui donnent l'Æcidium au printemps, ne proviennent que des plantes destinées à produire la graine; pour se débarrasser de l'*Æcidium Betæ*, il suffit donc d'enlever soigneusement toutes leurs feuilles pointillées de jaune.

Tant que la maladie ne se montre que par cas isolés, il n'y a aucune crainte à avoir; mais lorsqu'elle s'étend beaucoup, comme on l'a vu il y a plusieurs années, elle peut causer des torts considérables; les feuilles rouillées ne peuvent même plus servir de nourriture aux bestiaux.

Il y a encore plusieurs autres espèces d'*Uromyces* qui viennent sur des plantes cultivées :

L'*Uromyces appendiculatus* Lév., sur la fève, le pois et la vesce cultivée;

L'*U. Phaseolorum* DC., sur le haricot;

L'*U. apiculatus* Lk., sur le *Vicia Cracca*, le *Lathyrus pratensis*, le trèfle rouge, le *Trifolium medium* et le *repens*;

L'*U. strictus* Schrœt., sur la luzerne, la lupuline, le trèfle et le genêt;

L'*U. Muscari* Lév., sur le *Muscari comosum*.

III. Rouille des Arbres fruitiers à Pépins (*Podisoma*). — L'une des formes les plus intéressantes de la rouille, c'est le genre *Podisoma* Œrstedt, qui vit sur les arbres fruitiers. Il possède une génération alternante, et il est hétéroïque. On ne lui connaît pas d'*urédospores*. Ses *téleutospores* ne se rencontrent que sur les Conifères, même presque exclusivement sur le genévrier; tandis que ses *Æcidiums*, considérés autrefois comme des espèces à part, et désignés sous le nom de *Rœstelia*, ne vivent que sur les Pomacées.

Fig. 8. — Genévrier envahi par le *Podisoma*; *t*, téleutospore.

Les *téleutospores* apparaissent au printemps, sur le genévrier, sous forme de masses jaunes ou brunes, qui se gonflent quelquefois, par un temps humide, en de très-grosses masses mucilagineuses (fig. 8*t*), et se ratatinent de nouveau par un temps sec. Au commencement de l'été il n'y a plus sur l'écorce que des cicatrices (fig. 9 *n*), qui marquent les places par où les spores avaient fait irruption; au-dessous de ces cicatrices il se développe souvent des bourgeons adventifs (fig. 9 *a*).

L'aspect mucilagineux des amas de téleutospores, par un temps humide, est dû au gonflement de leurs pédicules. A l'humidité les téleutospores développent des promycéliums, dont chacun engendre une *sporidie*. Les sporidies ne se développent en un mycélium que lorsqu'on les porte sur les feuilles, les pétioles ou les jeunes fruits des poiriers, pommiers, néfliers, coignassiers, aubépines, et autres Pomacées.

Fig. 9. — Genévrier montrant les cicatrices *n* laissées par la chute des téleutospores; *a*, bourgeons adventifs.

A la fin de mai ou au commencement de juin, quand les sporidies ont été semées sur les feuilles ou les fruits de ces arbres, on y voit apparaître des taches, d'abord jaunes, puis orangées; à la face supérieure (voir fig. I, *a*, parmi les planches en couleur) des feuilles, on trouve des points (*sp*) d'un rouge éclatant: ce sont les *spermogonies*, qui se dessèchent aussitôt après l'émission de leurs *spermaties*. Ces formations sont suivies de près, ou au bout de quelques semaines, par l'apparition des æcidiums (*p*) sur la face inférieure (*b*) des feuilles. Les spores produites par ces æcidiums doivent germer sur le genévrier. Cependant on n'a pas encore vu leurs boyaux germinatifs pénétrer dans les tiges et les feuilles du genévrier; mais

Œrstedt a vu pénétrer dans les feuilles des Pomacées, les filaments germinatifs des sporidies qu'avaient produites les téleutospores du genévrier. Les parties atteintes deviennent le siége d'une hypertrophie du parenchyme et d'un énorme dépôt d'amidon.

Nous décrivons ci-dessous les espèces les plus nuisibles.

1. *Rouille des poiriers.* — *Podisoma Juniperi Sabinæ* Fries (*Ræstelia cancellata*). — Vers le milieu ou la fin de juillet on voit apparaître, sur les feuilles du poirier (voir fig. I, parmi les planches en couleur), des taches jaunes ou rouges, suivant la variété. Dans le milieu des taches de la face supérieure il s'élève d'abord quelques points plus colorés, autour desquels en naissent plus tard un plus grand nombre. Ce sont les *spermogonies* (*sp*) qui s'ouvrent et laissent échapper les *spermaties*.

Aussitôt que les *spermogonies* se sont vidées, le tissu de la feuille commence à s'hypertrophier par la division des cellules; puis la partie malade devient épaisse, charnue, et perd sa chlorophylle, qui est remplacée par de l'amidon.

Le mycélium cesse de produire de nouvelles spermogonies; mais il se feutre par endroits en de petites masses sphériques incolores, qui sont les ébauches des æcidiums. En grandissant, ceux-ci traversent l'épiderme, et finissent par former des saillies (*p*) d'un à plusieurs millimètres de hauteur, à la face inférieure des feuilles.

C'est un simple curé de Beaurain, en Normandie, l'abbé Blais, qui, le premier, a signalé à la Société centrale d'horticulture de France ce fait, que la rouille des poiriers est due au voisinage de genévriers atteints de *Podisoma*. (Voir le bulletin publié par cette Société en 1865 et les années suivantes.) C'est Œrstedt qui a découvert la relation existant entre le parasite de la feuille du poirier et les *téleutospores* du *Juniperus Sabina* et d'autres espèces de genévrier, telles que les *J. communis*, *Oxycedrus*, *virginiana*, *phœnicea*, et enfin du *Pinus halepensis*[1].

En général les masses mucilagineuses de téleutospores apparaissent sur les rameaux de Conifères vers le milieu d'avril. Ces masses varient de forme; ordinairement coniques (fig. 8 *t*), quelquefois cylindriques, rarement divisées en forme de peigne, elles passent de la coloration orangée à une coloration rouge brun, en développant des sporidies. Ensuite elles se ratatinent, et disparaissent complètement en laissant des cicatrices (fig. 9 *n*); tandis que le mycélium continue à végéter à l'intérieur de l'écorce du rameau renflé, pour produire probable-

[1] Voir aussi dans le *Bulletin de la Société botanique de France*, t. XVI, p. 214, les expériences confirmatives faites sur le *Podisoma Juniperi Sabinæ* en 1869.

ment, l'année suivante, de nouvelles *téleutospores* sur des organes plus jeunes.

Si les sporidies ont été déposées sur des feuilles de poirier, leurs boyaux germinatifs traversent les cellules épidermiques, et se développent dans le parenchyme de la feuille en un mycélium fin, qui détermine au bout de huit jours l'apparition des taches jaunes, puis donne naissance, environ quatre jours après, aux premières spermogonies.

C'est de cette manière expérimentale qu'on a pu démontrer la connexion existant entre le *Rœstelia cancellata* du poirier et le *Podisoma* du genévrier sabine.

Ce parasite peut causer des dommages considérables, quand il attaque les jeunes fruits. Il est très-rare que toutes les feuilles d'un arbre en souffrent, mais on a fréquemment observé des cas où toutes les feuilles d'une même branche en étaient atteintes. Œrstedt cite un cas très-instructif: il a vu la rouille du poirier s'étendre rapidement en Zélande, depuis l'introduction du *Juniperus Sabina*.

Outre l'ablation des feuilles du poirier habitées par les æcidiums, on ne pourrait guère trouver d'autre remède que l'enlèvement des *téleutospores* facilement visibles en avril, sur le genévrier[1]. Dans le cas

[1] Sorauer a observé deux cas où un remède plus radical, la destruction du genévrier, a été suivi de la disparition de la rouille sur le poirier.

où l'on voudrait s'attaquer directement à l'*Æcidium* sur le poirier, il faudrait fixer son attention aussi sur les *Pirus* voisins, comme le *P. Michauxii* Bosc. et le *P. tomentosa* DC.

2. *Rouille des pommiers* (*Podisoma clavariæforme* Duby). — Son æcidium vit en parasite sur le pommier, le néflier, le *Pirus Aria* Ehrh. (*Sorbus Aria* Crntz.), le *Mespilus Chamæmespilus* L., le *Cratægus Oxyacantha* L., et quelques autres aubépines introduites dans nos jardins. Comme dans la rouille du poirier, les feuilles, les pétioles et les jeunes fruits sont enduits de la poussière orangée formée par les spores qui recouvrent les tissus enflés. Les æcidiums sont disposés en groupes de trois à vingt.

Les *téleutospores* n'ont encore été observées que sur le genévrier commun. Elles apparaissent vers le milieu du mois d'avril, sous forme de glomérules jaunes, plutôt cartilagineux que mucilagineux, tantôt cylindriques, tantôt rubanés, souvent recourbés au sommet. Elles développent leurs sporidies au commencement de mai, et se dessèchent ensuite.

Les sporidies ne se développent que sur les arbres fruitiers que nous avons nommés plus haut[1]. La médication est la même que pour la rouille du poirier.

[1] On peut consulter également dans le *Bulletin de la Société botanique de France*, t. XVII (1870), p. 258, les résultats des expériences faites par M. Roze sur les *Podisoma fuscum* et *clavariæforme*.

3. *Rouille du sorbier* (*Podisoma fuscu* orda). — Cette forme développe également ses téleutospores sur le genévrier commun (*Juniperus communis*), et peut-être aussi sur la sabine ; elle détermine, sur les rameaux enflés ou sur leurs aiguilles, la formation de masses mucilagineuses, jaune d'or ou jaune brun, hémisphériques ou coniques, ou en forme de poire.

Les sporidies produites par ces téleutospores ne se développent que sur les sorbiers (*Sorbus aucuparia*, *S. torminalis* et l'amélanchier (*Amelanchier vulgaris*), et y produisent les petits Æcidiums qui portaient autrefois le nom de *Rœstelia cornuta* Ehrh. C'est en juillet-août qu'on les voit apparaître.

En raison de la faible importance des sorbiers, ce parasite est beaucoup moins important que les autres du même genre. Pour le détruire on peut employer les mêmes moyens que pour celui des poiriers.

Par ce court exposé il est facile de reconnaître les liens qui rattachent les *Podisoma* aux *Puccinia*; mais dans les *Podisoma*, l'*uredo* manque. Il nous reste à citer maintenant quelques espèces de rouille dont la plupart ne possèdent pas une génération alternante aussi compliquée, ou dont certaines formes sont encore à trouver. Tel est le genre *Chrysomyxa* Unger, dont on ne connaît que les téleutospores, et que nous allons étudier.

IV. Taches jaunes des Feuilles d'Épicéa (*Chrysomyxa Abietis* Ung.), maladie extrêmement répandue. A la fin d'avril ou au commencement de mai on voit apparaître, à la face inférieure des feuilles de deux ans[1] de l'épicéa (*Picea excelsa* Lk.), des groupes de téleutospores orangés, allongés et saillants; neuf mois avant, les feuilles étaient déjà marquées de taches jaunes. Ces groupes de spores, recouverts d'abord de l'épiderme, traversent cette membrane, se disséminent, et disparaissent déjà vers la fin de mai.

A mesure que les téleutospores développent leurs sporidies, le stroma prend une coloration jaune de chrôme; ensuite tout le mycélium meurt le plus souvent, ainsi que les feuilles atteintes. Tous ces phénomènes s'accomplissent en deux à trois semaines, et, suivant l'exposition, en mai ou juin. Quand on sème les sporidies sur de jeunes feuilles d'épicéa qui ne sont pas encore arrivées à la moitié de leur longueur normale, on voit les boyaux germinatifs des spori-

[1] Robert Hartig affirme de la manière la plus absolue (*Wichtige Krankheiten der Waldbäume*, page 101) que le *Chrysomyxa Abietis* ne se montre jamais sur les pousses âgées de plus d'un an; aussi, par l'expression de *feuille de deux ans* employée par Sorauer, il faut comprendre les feuilles poussées l'année précédente, vers le mois de mai, et qui par conséquent n'ont réellement pas plus d'un an lors de l'apparition des téleutospores du *Chrysomyxa*.

dies s'appliquer fortement sur l'épiderme, et le traverser pour pénétrer à l'intérieur de la feuille.

A cette observation directe vient s'ajouter cet autre fait, que les jeunes feuilles deviennent malades d'autant plus facilement que les vieilles étaient plus couvertes de téleutospores, et que celles-ci sont précisément arrivées à maturité quand les jeunes feuilles poussent. Nous sommes donc persuadés que la dissémination des sporidies cause la maladie, d'autant plus qu'on n'a pu découvrir de mycélium ni dans les jeunes rameaux, ni à la base des feuilles. Nous ne pouvons donc pas supposer qu'un mycélium pérennant passe des vieux rameaux dans les jeunes.

La maladie des jeunes aiguilles fait irruption immédiatement après la maturation des sporidies, et vers le milieu de juin elle est déjà visible à l'œil nu, sous forme de taches livides. Les taches allongées jaunissent en juillet; et à la fin d'août on y voit, du côté de la face inférieure des aiguilles, apparaître des lignes longitudinales brunes, qui se transforment à la fin de l'automne en pustules brun rouge, longues de 3 à 9 millimètres.

Au printemps les pustules s'enflent, éclatent, suivant leur longueur, et les téleutospores arrivent au jour, sous la forme d'une poudre orangée.

La marche de la végétation de ce champignon explique aisément les dommages considérables qu'il peut causer. L'apparition épidémique de ce parasite dans les grands massifs n'est malheureusement pas sans exemple. Depuis l'année 1831, où cette maladie avait été observée par Berg, dans le Harz, on l'a reconnue aussi très-développée dans diverses parties de l'Allemagne. Elle y frappe sans distinction les arbres jeunes et les vieux. Son extension rapide est favorisée par le nombre prodigieux des sporidies. Il est donc important de chercher les moyens de combattre cette maladie.

M. Willkomm fait observer que l'épicéa souffre le plus sur les sols humides et dans les vallées exposées en été à une atmosphère chaude, humide et stagnante; il recommande de ne pas cultiver l'épicéa dans ces endroits, mais de l'y remplacer, soit par le sapin, soit par le pin Lord-Weymouth. S'il fallait absolument cultiver l'épicéa dans une station semblable, il faudrait assainir le sol, et diriger les coupes d'éclaircie et de régénération de manière à favoriser la circulation de l'air. Dans les cas de l'apparition sporadique de la rouille, il faut couper les branches atteintes ou les arbres malades. Les bois ainsi exploités doivent être enlevés de la forêt sur-le-champ, pour qu'ils ne deviennent pas de nouveaux foyers de contagion. En cas d'épidémie, on est forcé de renoncer à exploiter tous les trop nombreux épicéas atteints de la rouille ; il faut alors se contenter de rechercher les plus malades, et d'en enlever le plus possible, en suivant les règles du jardinage ou des éclaircies. Enfin nous recommandons la culture d'une espèce américaine, l'*Abies alba* Poir., *Picea alba* Lk., qui, suivant Münter, n'est pas sujette à la rouille.

De toutes les Urédinées parasites sur les Conifères, la plus nuisible paraît être l'*Æcidium elatinum*, qui attaque le sapin, et qui doit son nom à ce que l'on ne connaît sa fructification que sous la forme d'æcidium.

V. Chaudron et Balai de Sorcière produits chez le Sapin par l'*Æcidium elatinum* A. et S. — Cette maladie se reconnaît au renflement de la tige qui, à l'emplacement malade, prend la forme d'un chaudron, d'où est venu le nom donné à cette affection morbide.

L'écorce est profondément crevassée autour du chaudron. Les anneaux ligneux de celui-ci ont une épaisseur variable; ils sont ordinairement très-développés, mais quelquefois aussi complétement avortés; dans ce cas, l'écorce secondaire est très-puissante. Tant que le bois est protégé par l'écorce, il conserve sa consistance; mais dès qu'il est dénudé, il pourrit très-vite, et de là la pourriture rayonne dans les parties saines jusqu'à une profondeur d'un pied. A cet endroit l'arbre devient très-cassant, et il finit par être rompu par le vent.

L'examen anatomique nous apprend que les fibres libériennes du chaudron sont en petit nombre, et ne forment que des groupes insignifiants au milieu du parenchyme cortical. Celui-ci, ainsi que le cambium et le bois, sont sillonnés par un mycélium qui ne se borne pas à vivre dans les méats intercellulaires; mais qui va chercher sa nourriture à l'intérieur des cellules mêmes à l'aide de suçoirs ramifiés et pelotonnés dans le parenchyme cortical, et renflés en forme de massue dans le liber mou, les rayons médullaires et le cambium.

Ce mycélium appartient à l'*Æcidium elatinum*, qui produit sur les feuilles et les jeunes rameaux de nombreuses spermogonies et des Æcidiums. Un autre effet de la végétation de ce champignon, c'est le développement de nombreux rameaux fasciculés et courts, connus sous le nom de *balais de sorcière*. Chacun de ces balais sort d'une tumeur quelquefois très-petite. Le mycélium peut persister dans la tumeur pendant plus de cinquante ans, et lorsqu'il arrive dans un jeune bourgeon, il l'excite à pousser et à produire un balai de sorcière. Les rameaux de ce dernier portent des aiguilles courtes, charnues et annuelles. Au commencement de l'hiver ces aiguilles anormales jaunissent et tombent. Au bout de quelques années tout le balai meurt lui-même.

M. de Bary a prouvé que les boyaux germinatifs des spores ne pénètrent pas dans le sapin; observation qui tend à faire admettre que cette espèce réclame, pour son développement complet, une autre plante, sur laquelle elle donne sans doute naissance à des *urédospores* et à des *téleutospores*.

Il est possible que nous connaissions depuis longtemps ces deux formes, mais que leurs relations avec l'*Æcidium elatinum* nous échappent. Malheureusement cette ignorance rend impossible de prévenir la maladie causée par ce parasite.

VI. Rouille du Pin (*Æcidium Pini* Pers.; *Peridermium Pini* Lév.). — L'*Æcidium Pini* produit la rouille la plus commune chez les pins. Il habite les aiguilles ou l'écorce du pin. Dans le premier cas il prend le nom de variété *acicola*, et dans le second celui de variété *corticola*.

Mycélium. — Le mycélium de l'*Æcidium Pini* végète dans les aiguilles du pin sylvestre et du laricio d'Autriche, ainsi que dans l'écorce et le bois du pin sylvestre et du pin Weymouth. Il est vivace. Il ne vit pas plus de deux ans dans les aiguilles, où il meurt avec elles. Sur l'écorce, il peut au contraire atteindre l'âge de 70 ans et même plus.

Réceptacles fructifères et organes de reproduction. — Les spermogonies et les æcidiums apparaissent sur les aiguilles dès le mois d'avril, si le printemps est chaud ; quelquefois seulement en juin, si le printemps est froid ; mais le plus souvent dans le courant de mai. Ils se montrent sur l'écorce dans le courant de juin, quelle que soit la température du printemps. Les spermogonies naissent un peu avant les æcidiums.

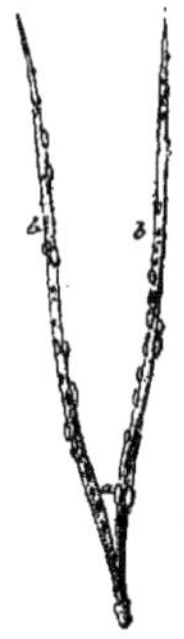

Fig. 10. — Aiguille de pin sylvestre envahie par l'*Æcidium Pini*. — *a*, æcidium; *b*, spermogonie.

Sur les aiguilles, les spermogonies (fig. 10 *b*) forment des taches brunes, longues d'un millimètre au plus, et irrégulièrement disséminées. Leur nombre est variable et peut s'élever jusqu'à cinquante sur une seule aiguille. Elles y sont plus abondantes sur la face interne que sur la face externe. Elles se montrent sur les aiguilles d'un an et sur celles de deux ans. Elles y soulèvent, en forme de verrue, l'épiderme, que plus tard elles fendent longitudinalement, pour disséminer leurs spermaties.

Sur l'écorce du pin Weymouth les spermogonies (fig. 11 *b*) se montrent sous forme de taches foncées, arrondies, grandes comme un pois, et disséminées entre les æcidiums (*a*). Elles abondent souvent autour de la partie malade de l'écorce. Sur l'écorce du pin sylvestre les spermogonies (fig. 12 *b*) sont bien plus difficiles à reconnaître, car elles y ont une couleur presque semblable à celle du surplus de l'é-

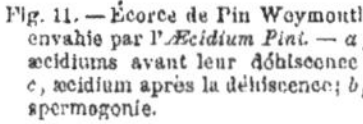
Fig. 11. — Écorce de Pin Weymouth envahie par l'*Æcidium Pini*. — *a*, æcidiums avant leur déhiscence; *c*, æcidium après la déhiscence; *b*, spermogonie.

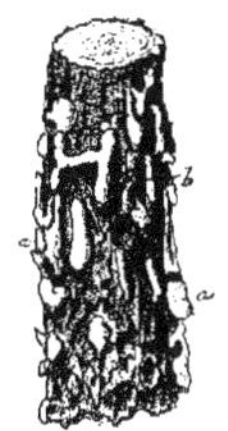

Fig. 12. — Pin sylvestre dont l'écorce est envahie par l'*Æcidium Pini*. — *a*, æcidiums; *b* spermogonie.

corce. Elles y forment une tache arrondie, et d'un diamètre de 3 à 7 millimètres.

La spermogonie de l'écorce diffère de celle des aiguilles. Naissant sous le périderme, entre celui-ci et le parenchyme cortical, elle forme une couche d'une épaisseur presque uniforme de 40 micromillimètres. A l'intérieur s'étend un pseudo-parenchyme, comme dans les autres spermogonies; mais sur lequel s'élèvent, à angle droit, des filaments parallèles qui poussent au dehors le périderme. Celui-ci se détache au-dessus du réceptacle fructifère, et tombe comme un opercule. Ainsi mise à nu, la spermogonie dissémine librement ses spermaties.

Les æcidiums des aiguilles, par suite appelés *acicola*, naissent sur les aiguilles âgées d'un ou de deux ans, entre les spermogonies, et sont moins nombreux que celles-ci. On trouve rarement plus de quinze æcidiums sur la même aiguille. Les aiguilles attaquées par ce parasite n'en meurent pas; aussi, sur les aiguilles âgées de deux ans, il naît souvent de nouvelles spermogonies et de nouveaux æcidiums, disséminés entre les réceptacles fructifères de l'année précédente. Ceux-ci se montrent alors sous la forme de blessures enduites de résine, et colorées en brun foncé. La fente de l'épiderme, au travers de laquelle s'épanouit l'æcidium, atteint une longueur de 1 à 3, rarement 5 millimètres.

Les æcidiums de l'écorce, var. *corticola* (fig. 11 *a* et 12 *a*), sont plus grands et plus irrégulièrement conformés que ceux de la variété *acicola*. Les uns sont arrondis et ont un diamètre moyen d'environ 5 millimètres. Les autres sont allongés, ont la même largeur que les précédents; mais, se fondant avec quelques æcidiums voisins, ils atteignent jusqu'à

15 millimètres de longueur. Ils apparaissent en juin, sur les branches et les rameaux (fig. 13) des pins jeunes ou vieux, et souvent aussi sur leur tronc (fig. 14 et 15). Sur les jeunes tiges et les faibles rameaux, le parasite envahit l'écorce sur tout son

Fig. 13. — Branche de Pin sylvestre envahie par l'*Æcidium Pini* qui a déjà tué les rameaux *a*.

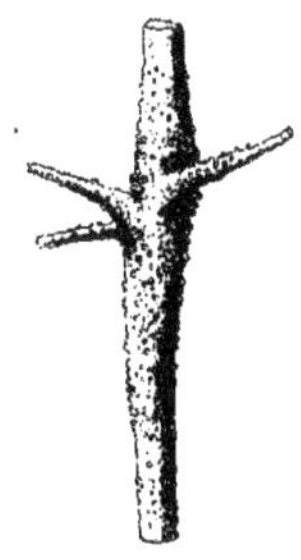

Fig. 14. — Tige d'un jeune Pin attaqué depuis quelques années par l'*Æcidium Pini*.

pourtour dès la première année; tandis que, sur les fortes branches ou les tiges âgées, un seul côté (fig. 15 *a*) de l'écorce est ordinairement atteint. Quand l'écorce envahie par le parasite n'est pas morte l'année suivante, elle produit alors de nouveaux æcidiums entre les anciens, dont les vestiges restent, sous forme de blessures incrustées de résine.

Ordinairement c'est dans le voisinage de la partie attaquée l'année précédente que les organes de fructification apparaissent sur les prolongements du mycélium dans le tissu cortical. La production des æcidiums continue ainsi un certain nombre d'années, jusqu'à la mort de la branche ou de l'arbre malades. Sur les arbres âgés, les æcidiums cessent de se produire au bout d'un certain temps, sur les parties

Fig. 15. — Tronçon d'une tige de Pin sylvestre atteint de deux côtés par l'*Æcidium Pini*, *a*, qui y forme deux chancres opposés.

malades; mais le mycélium poursuit son développement dans l'écorce, tout en restant stérile.

Les spores produites par l'*Æcidium Pini* germent sur les feuilles du seneçon, et y produisent un urédo appelé *Coleosporium Compositarum*. Puis les sporidies engendrées par les téleutospores de ce *Coleosporium* reproduisent l'æcidium sur les aiguilles et l'écorce du pin.

Mode de végétation. — Les phénomènes morbides produits par le mycélium de l'*Æcidium Pini* peuvent être en grande partie expliqués par la métamorphose de l'amidon en térébenthine dans les cellules où pénètrent les suçoirs du parasite.

L'*Æcidium Pini*, var. *acicola*, attaque surtout les jeunes pineraies de 3 à 10 ans. Elles sont parfois tellement envahies par ce cryptogame, qu'elles n'ont plus d'aiguilles saines, et qu'elles prennent une teinte jaune au mois de mai; mais dès le mois de juin suivant, elles reprennent leur teinte verte. Plus les pins sont âgés, moins ils sont exposés aux attaques de la variété *acicola*, qui ne se montre plus qu'exceptionnellement dans les massifs âgés de plus de 20 à 30 ans. Le mycélium de cette Urédinée végète dans les espaces intercellulaires du parenchyme vert des aiguilles, et s'y développe de manière à en comprimer les cellules, qui pourtant n'en meurent pas, et restent vertes. Cependant autour des spermogonies et des æcidiums une faible couche de tissu cellulaire meurt après la dissémination, s'enduit de résine, et se colore en brun foncé. Mais les aiguilles ainsi atteintes restent vivantes, et souvent la fructification du mycélium s'y reproduit l'année suivante, sans que les cellules du parenchyme, alors complétement emmaillotées par les filaments, en périssent immédiatement. Seulement les aiguilles habitées par le mycélium meurent quelques mois plus tôt que les autres. Le préjudice causé par la variété *acicola* est ainsi peu considérable. Il est néanmoins utile d'anéantir dans les pineraies le senecon, sur lequel cet *Æcidium Pini* vit à l'état d'urédo.

L'*Æcidium Pini,* var. *corticola,* est au contraire très-nuisible au pin. Ordinairement il s'établit sur les parties de la tige âgées de moins de 20 à 25 ans; cependant la cime, où l'écorce reste mince par l'exfoliation du rhytidome, est plus longtemps exposée à l'invasion du parasite. La maladie commence, soit à un verticille (fig. 14), soit au milieu de deux verticilles voisins. Le mycélium croît entre les cellules du parenchyme vert de l'écorce. Il traverse le liber, et pénètre, par les rayons médullaires du bois, dans les canaux résineux de celui-ci, jusqu'à une profondeur de 8 à 10 centimètres. Les filaments mycéliens produisent des suçoirs, qui pénètrent dans toutes les cellules du parenchyme, et y transforment l'amidon, ainsi que le surplus du contenu des cellules, en térébenthine, qui se dépose par gouttes sur les parois de tous les organes, jusqu'à ce que ceux-ci en soient remplis. Les filaments détruisent les canaux résineux et les cellules environnantes qui charriaient de l'amidon. La térébenthine qui en provient, et celle précédemment en réserve dans les canaux, s'écoulent dans les tissus ligneux. Par suite, sur une coupe transversale, le bois malade se reconnaît à sa couleur plus foncée (fig. 16 et 17) et à son aspect gras et soyeux. Sur les tiges minces, la térébenthine imbibe le bois jusqu'au canal médullaire; et, dans les tiges plus grosses, jusqu'à une profondeur de 10 centimètres, limite que ne dépassent pas les filaments mycéliens. Le bois sain situé au-dessus du bois malade est pauvre

Fig. 16. — Coupe transversale d'un Pin sylvestre qui, à l'âge de 25 ans, a été attaqué par l'*Æcidium Pini*, var. *corticola*.

Fig. 17. — Coupe transversale d'un Pin sylvestre qui, à l'âge de 15 ans, a été attaqué, aux emplacements *a*, par l'*Æcidium Pini*, var. *corticola*.

en térébenthine; il est probable qu'une partie de celle-ci est tombée du bois sain dans le bois malade. Ainsi gorgés de térébenthine, le bois, le cambium et le liber perdent la faculté de charrier la séve et de produire une nouvelle couche ligneuse, chaque année. La térébenthine suinte entre les fentes de l'écorce, et dépose sur celle-ci une résine qui donne un aspect blanchâtre aux parties malades. Les filaments mycéliens végètent le plus activement dans les tissus naissants produits par la division des fibres. Tôt ou tard, le mycélium finit par faire le tour de la tige ou de la branche, à l'endroit qu'il occupe; ce qui amène la mort de la partie supérieure, alors privée de séve.

La marche de la maladie varie avec l'âge de la partie attaquée par le parasite, et avec l'emplacement où il s'est fixé. Sur de faibles rameaux ou de jeunes plants, la circonférence entière est envahie en une année par les æcidiums. La mort arrive alors en peu d'années. Voilà comment l'*Æcidium Pini* var. *corticola* est souvent si meurtrier dans les semis de pin. Dans les pineraies on voit parfois des branches isolées dont le feuillage rougit et se dessèche; c'est ordinairement cet *Æcidium* qui les tue.

Sur les pins sortis de l'enfance, le parasite produit un chancre, lorsqu'il atteint la tige dans la cime ou plus bas. La première année, la partie malade atteint un diamètre de 5 à 10 centimètres (fig. 15 *a* et 17 *a*). Les années suivantes, le chancre grandit. En même temps, la séve descendante ne passant plus que dans la partie contiguë restée saine, s'y trouve en plus grande abondance et y active davantage l'accroissement. Les nouvelles couches ligneuses se forment là plus épaisses chaque année; et, par ce redoublement d'activité, l'arbre cherche à résister au parasite, qui tend à l'enserrer complétement.

Mais, par suite de la mort du bois habité par le mycélium, la quantité de séve qui monte dans la cime diminue, le feuillage s'amaigrit, et la largeur des couches ligneuses annuelles diminue dans la partie encore saine.

Le mycélium gagne ainsi de l'avance sur l'arbre et finit par l'entourer complétement, ce qui amène la mort de la cime (fig. 18). Cette lutte entre le parasite et sa proie peut durer soixante ans et même plus. On voit la marche de cette maladie sur les figures 16 et 17, où sont indiqués les âges d'un certain nombre de couches concentriques. Parfois le parasite atteint de deux côtés à la fois la tige, qui prend alors une forme assez bizarre (fig. 15 et 17). Dans ce cas, les deux chancres se rejoignent ordinairement plus tôt d'un côté (fig. 17 *b*) que de l'autre (fig. 17 *c*). Quand la partie malade est située sous la couronne du pin, la

Fig. 18.
Pin sylvestre dont la cime a été tuée par l'*Æcidium Pini*, var. *corticola*.

mort de celle-ci entraîne celle de l'arbre tout entier. Mais si, sous le chancre, il se trouve des branches fortes et bien feuillées, le pin reste vivant et redresse sa branche supérieure pour remplacer la cime morte (fig. 18).

Cette maladie se propage souvent de manière à devenir une véritable calamité. Il est des pineraies où 5 à 10 centièmes des arbres sont atteints de chancres, bien que, lors des éclaircies et des coupes d'extraction de bois mort, on ait déjà enlevé beaucoup de pins attaqués par l'*Æcidium Pini*, var. *corticola*. Si, dans les pineraies âgées, les peuplements sont fréquemment incomplets, c'est souvent parce que beaucoup d'arbres dominants y ont été tués par cet *Æcidium* ou par l'*Agaricus melleus*. Pour diminuer les dégâts causés aux pineraies par l'*Æcidium Pini*, var. *corticola*, il faut exploiter et enlever tous les pins qui en sont atteints, puis détruire le seneçon.

VII. Æcidium abietinum et columnare.—L'*Æcidium abietinum* A. et S., qui vit sur l'épicéa, apparaît de juin en août sur les feuilles de l'année, mais assez rarement. Son mycélium habite les méats intercellulaires du parenchyme de la feuille, d'où il envoie des suçoirs renflés dans les cellules.

Suivant Schacht, l'*Æcidium columnare* habite sur les sapins jeunes, et plus rarement sur ceux âgés.

On le trouve sur les aiguilles, à leur face inférieure, dans les deux stries longitudinales. Il se présente sous l'apparence d'une pellicule d'un blanc d'argent et de forme colomnaire, qui s'ouvre à son extrémité et contient à la base une poussière jaune constituant les spores. A côté de ces æcidiums, il se produit encore d'autres réceptacles fructifères.

Fig. 19. — Plantule de Pin sylvestre atteinte par le *Cæoma pinitorquum*, sur la tigelle à l'emplacement *a*, et sur les cotylédons aux emplacements *b*.

Mentionnons, en passant, l'*Æcidium coruscans* Fr., qui vit sur l'épicéa; puis l'*Æcidium conorum Piceæ* Rss, et l'*Æcidium strobilinum* Rss, qui végètent sur les cônes d'épicéa.

VIII. Cæoma pinitorquum A. Br. — *Mycélium.* — Le mycélium du *Cæoma pinitorquum* végète entre les cellules des jeunes pousses du pin sylvestre, surtout dans le parenchyme vert de l'écorce; d'où il se ramifie dans le liber et les rayons médullaires, par lesquels il s'introduit dans la moelle. Il se développe aussi dans le parenchyme foliacé des cotylédons de pins en germination (fig. 19 *b*).

Dans le voisinage des spermogonies et des réceptacles sporifères, le contenu des filaments est jaune d'or. Aussi, en examinant une jeune pousse de pin, on reconnaît de bonne heure, à une coloration jaune, les emplacements où un abondant développement de mycélium prépare la naissance des réceptacles sporifères.

Après la dissémination, le mycélium meurt avec le tissu dans lequel il s'est développé, depuis le réceptacle sporifère jusqu'au canal médullaire. Une autre partie du mycélium doit être vivace, et monter chaque année dans les pousses nouvelles pour y végéter. Mais on ignore quelle partie du tissu servirait ainsi au passage et à l'habitat du mycélium vivace.

Réceptacles fructifères et organes de reproduction. — Les réceptacles fructifères naissent dans la seconde moitié de mai ou au commencement de juin, suivant que le printemps est chaud ou froid, lorsque les jeunes pousses sont assez développées pour laisser voir à leur partie inférieure leur écorce verte, entre les gaînes des aiguilles, et que celles-ci commencent à sortir de leurs gaînes. C'est alors que l'emplacement des réceptacles fructifères naissants s'annonce par des taches blanchâtres, qui jauniront plus tard. Les spermogonies naissent les premières ; elles atteignent leur développement lorsque les réceptacles d'urédospores ne se montrent pas encore, ou viennent seulement de naître.

A chaque endroit où l'écorce est décolorée, les spermogonies naissent en grand nombre. Elles soulèvent la cuticule, en sorte qu'avec le faible grossissement d'une loupe, on reconnaît leur position à des points saillants (fig. 20 *a*) sur l'épiderme de l'écorce. La pointe des spermogonies perce la cuticule, pour disséminer les spermaties.

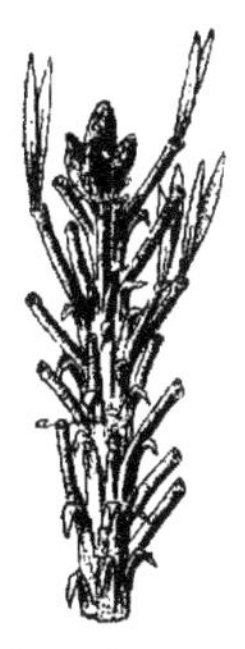

Fig. 20. — Jeune pousse de Pin sylvestre avec réceptacles fructifères *a* du *Cæoma pinitorquum*.

Sous chaque tache jaunâtre de l'épiderme occupée par de nombreuses spermogonies, on voit sortir le réceptacle des urédospores. Celui-ci atteint une longueur de 1 à 2 centimètres, et une largeur variable. Il se montre tantôt comme une raie mince, jaune d'or, tantôt comme une tache occupant sur une branche le quart de la circonférence (fig. 20 *a*). Souvent beaucoup de ces réceptacles linéaires sont si rapprochés les uns des autres, qu'ils paraissent ne former qu'un large réceptacle.

Au commencement ou au milieu de juin, le réceptacle s'ouvre par une fente longitudinale (fig. 20 *a*), d'où s'échappent les spores.

Après la déhiscence du réceptacle fructifère, l'écorce qui le recouvrait se dessèche et se contourne, ou se détache et tombe, surtout lorsque plusieurs réceptacles sont contigus. C'est à la fin de juin que se termine ainsi cette manifestation du *Cæoma pinitorquum*. Sur quelle plante et sous quelle forme ce parasite se trouve-t-il du commencement de juillet jusqu'à la fin de mai de l'année suivante? On l'ignore.

Aussitôt après la dissémination des spores, le tissu cellulaire contigu à leur réceptacle meurt, brunit,

Fig. 21. — Coupe transversale pratiquée dans une blessure faite depuis un an, à une branche de Pin sylvestre, par les réceptacles fructifères du *Cæoma pinitorquum*. — *a*, écorce morte dans le voisinage de ces réceptacles, après la dissémination des spores.

se dessèche, ou s'emplit de résine. L'étendue des tissus ainsi frappés de mort varie avec le développement du mycélium dans l'écorce, le bois et la moelle. Ordinairement la partie externe de l'écorce meurt dans une zone de quelques millimètres autour des taches jaunes formées par l'hyménium, puis elle brunit et se ride. Quelques années après, ce tissu mort (fig. 21 *a*) se retrouve sur l'écorce vive des bourrelets, qui recouvrent alors entièrement la plaie causée par le parasite. Sous le réceptacle fructifère, à moins qu'il ne soit resté très-petit, l'écorce, le bois et la moelle meurent et brunissent (fig. 21); mais rarement le liber et le bois meurent sous la zone d'écorce superficielle morte qui borde le réceptacle. Au-dessus et au-dessous de ce dernier, la moelle brunit souvent sur une étendue de 1 à 2 centimètres; ce qui montre que le mycélium y a pris un grand développement.

Manière de vivre du Cæoma pinitorquum. — Jusqu'à présent le *Cæoma pinitorquum* n'a été observé que sur le pin sylvestre, qui, dès l'âge de quelques semaines, peut avoir la tigelle, les cotylédons et les aiguilles de la plumule envahis par cette Urédinée.

Dans un semis de pin sylvestre très-bien levé, et situé aux environs de Neustadt-Eberswald, Robert Hartig observa, le 29 juin 1871, qu'au moins les deux tiers des plants étaient attaqués par le *Cæoma*, dont les urédospores étaient alors en voie de dissémination. Ces pins avaient levé vers le milieu de mai; c'était donc à la fin de mai ou au commencement de juin qu'avaient dû être disséminées les spores productrices du *Cæoma*. Les plants attaqués mouraient le plus souvent, si leur tigelle avait été atteinte par le champignon; mais ils continuaient de végéter vigoureusement, si leurs cotylédons en avaient seuls été infestés. D'où il résulte que c'était le *Cæoma* qui causait la mortalité, et qu'il n'était pas le symptôme d'une maladie. Au semis examiné touchait un massif de pin sylvestre âgé de 10 ans, parsemé de trembles et de bouleaux, et très-malade du *Cæoma* depuis quatre ans. Dans ce canton se trouvaient donc les conditions nécessaires au développement du parasite, c'est-à-dire les plantes d'autre espèce, sur lesquelles il doit probablement, comme les autres Urédinées, végéter en été et en automne, puis hiverner à l'état de téleutospore.

Dans l'inspection forestière de Ziegelroda, le candidat forestier Roloff observa, sur l'époque de la contamination des pins sylvestres par le *Cæoma*, le fait suivant : Des pins sylvestres âgés de 2 ans étaient dans une pépinière. Le 25 avril 1872, une partie de ces plants furent arrachés : les uns furent plantés dans un canton éloigné, et les autres dans un canton voisin de la pépinière. Les premiers ne furent pas attaqués par le *Cæoma;* les autres au contraire en furent infestés, ainsi que ceux qui étaient restés dans la pépinière. Des pins sylvestres semés la même année dans la même pépinière, mais qui ne germèrent que le 18 mai, ne furent pas contaminés par le parasite. De ce que les pins sylvestres plantés au loin restèrent sains, il résulte que les spores productrices du *Cæoma* n'étaient pas encore disséminées le 25 avril. De l'état intact des pins semés la même année, il appert que la dissémination des spores productrices du champignon était terminée le 18 mai. Elle ne se termine pas avant la fin de mai ordinairement; c'est la température élevée du printemps de 1872 qui avait donné à la végétation de cette année une avance de huit à quatorze jours. Enfin, si les pins transplantés au loin ont échappé aux atteintes du *Cæoma*, cela prouve que ce dernier n'est pas produit par un état maladif des plants, mais par les spores qui se déposent sur eux.

Chez les pins sylvestres d'un an et chez ceux qui sont plus âgés, le *Cæoma* ne se montre jamais sur les aiguilles, mais seulement sur les jeunes pousses (fig. 20). Il est d'autant plus redoutable pour les plants, qu'ils sont plus jeunes. Les peuplements de 1 à 10 ans sont les plus exposés à être envahis par ce parasite. Pour la première fois, il se montre rarement dans les massifs de 10 à 30 ans, et jamais dans ceux qui sont plus âgés.

Lorsqu'il fait sa première apparition dans une pineraie, il n'est pas très-abondant et n'atteint que quelques centièmes des pins. Ceux-ci ont seulement quelques pousses malades, et même sur ces pousses les taches jaune d'or sont entièrement isolées. Attaquée d'Urédinées ainsi séparées, la branche ne meurt presque jamais ; elle se courbe à l'emplacement malade et prend la forme d'un S l'année suivante, lorsque le sommet de la branche pousse en se redressant.

Une année suffit ordinairement pour fermer la blessure produite par le *Cæoma pinitorquum* (fig. 21). Sur des pousses à croissance rapide, le bourrelet de recouvrement se distingue à peine au bout de quatre ou cinq ans; mais il est encore reconnaissable, après dix à douze ans, sur des rameaux à croissance lente, tels que ceux d'arbres sortis de la jeunesse.

Les morsures des rhyncophores sont cicatrisées par des bourrelets de recouvrement, qu'on pourrait confondre avec ceux qui ferment les blessures produites par le *Cæoma;* mais sous ces derniers, la moelle, le bois et le liber de la première année sont colorés en brun, ce qu'on reconnaît en coupant transversalement le rameau; tandis que cette couleur brune ne se montre pas sous les morsures des rhyncophores, lesquels, attaquant plus tard les pousses alors plus développées, ne peuvent en atteindre la moelle.

Sur des pins sylvestres âgés de 1 ou 2 ans, les pousses sont si grêles, qu'un seul réceptacle fructifère suffit pour tuer, dans toute sa circonférence, la partie d'une pousse atteinte. Ces jeunes plants se maintiennent provisoirement en vie par le développement de bourgeons axillaires ou de bourgeons

Fig. 22. — Branche de Pin sylvestre dégradée par le *Cæoma pinitorquum*. — *a*, pousse tuée entièrement l'année précédente; *b*, pousse vaginale qui se développe vers la base d'une pousse dont le sommet a été tué l'année précédente; *c*, pousse provenant de l'épanouissement d'un bourgeon dormant du verticille.

vaginaux; néanmoins ils sont ordinairement voués à une perte complète, parce que les années suivantes la maladie se reproduit presque toujours avec une intensité croissante. Dans les peuplements plus âgés, la maladie fait beaucoup moins de dégâts la première année; car les pousses, alors plus fortes, ne sont pas tuées par les réceptacles, toujours isolés à leur début. Mais l'année suivante, ou seulement un certain nombre d'années plus tard, la maladie peut prendre une telle intensité, que les réceptacles fructifères envahissent tous les pins, et couvrent même les parties inférieures et moyennes de toutes les pousses. Alors celles-ci meurent le plus souvent, à l'exception d'un court tronçon (fig. 22). Sur une seule branche, on peut parfois observer tous les degrés de la pernicieuse influence du parasite. Tantôt la branche subit seulement une courbure, et se rétablit assez bien pour que ses bourgeons soient convenablement élaborés et puissent, l'année suivante, produire des pousses vigoureuses. Tantôt la branche est si affaiblie, que ses bourgeons ne donnent que des pousses chétives, ou meurent entièrement. Quand les pousses sont envahies de tous côtés par les nombreux réceptacles du parasite, elles meurent entièrement (fig. 22 *a*), ou leur partie inférieure reste seule en vie. Sur ce tronçon, l'année suivante, on voit des bourgeons vaginaux se développer en pousses vaginales (fig. 22 *b*), ou des bourgeons dormants du verticille inférieur s'épanouir (fig. 22 *c*).

Les pineraies dans lesquelles la maladie sévit avec intensité ont au mois de juillet la même apparence que si un froid tardif y avait tué les jeunes pousses. Ainsi, malade depuis quelques années, un jeune massif semble abrouti par des bêtes fauves. Un peuplement envahi par le *Cæoma pinitorquum*, avant l'âge de 6 ou 8 ans doit ordinairement être regardé comme perdu, car il se rabougrit entièrement. A un âge plus avancé, les pins sylvestres sont moins dégradés par cette maladie; ils ne souffrent plus guère que de courbures sur les branches et sur la tige.

La gravité de cette maladie résulte surtout de sa périodicité, qui la ramène tous les ans sur les pins qu'elle a une fois attaqués. Son intensité varie beaucoup chaque année, suivant l'état atmosphérique. Un printemps humide et froid fait pulluler le parasite. Alors les réceptacles sporifères sont si nombreux et si développés, qu'ils tuent des masses de branches. Au contraire, un printemps chaud et sec entrave le développement du champignon, dont les urédospores avortent. Ainsi en 1873, la maladie était si bénigne dans les massifs qu'elle occupait, qu'à première vue on pouvait à peine y découvrir sa présence. Cependant un examen approfondi des jeunes pousses faisait reconnaître, à une coloration jaune, les emplacements où naissaient les réceptacles; mais ceux-ci ne purent se développer. Les taches jaunes se ridèrent, et les spores, cessant de croître, n'arrivèrent pas à maturité. Le mycélium du *Cæoma* ne peut sans doute se développer abondamment dans le tissu des pins, que lorsque celui-ci est très-saturé d'humidité, à la suite d'un temps humide et froid qui a entravé l'évaporation des pins. Ainsi l'évaporation rapide produite par un temps sec serait défavorable au développement du parasite. Une série d'années sèches peut probablement être assez nuisible à la croissance du champignon, pour amener la guérison des plants malades. Il est aussi probable que la maladie perd de sa gravité quand les pins deviennent plus âgés; cela résulterait de ce que leurs jeunes pousses sont alors plus pauvres en séve.

Le *Cæoma* paraît vivace sur le pin sylvestre. Des pousses de l'année précédente son mycélium monterait dans les pousses nouvelles et y produirait des réceptacles fructifères. Cette opinion s'accorde avec la marche de la maladie. La première fois qu'un pin est atteint, il ne montre le parasite que sur quelques branches, et guère que du côté tourné vers le foyer de la contagion. Les branches ainsi attaquées ne produisent, l'année suivante, que des pousses presque toutes malades. Les réceptacles sporifères y sont devenus très-nombreux, et sont distribués en quantité à peu près égale de tous côtés. La maladie se reproduit chaque année, avec une intensité variable suivant les conditions atmosphériques. Il est des peuplements où la maladie dure ainsi depuis douze ans au moins, ce qu'on reconnait aux blessures, dont les cicatrices sont encore visibles.

Citons un exemple intéressant sur la propagation de cette maladie. Près de Neustadt se trouvait, en 1873, un massif de pins sylvestres âgé d'environ 20 ans, et contenant 50 hectares. A l'ouest, au sud et à l'est, il était limité par un bois plus âgé, et au nord par un champ. C'est sur le bord de celui-ci qu'il fut attaqué pour la première fois par le *Cæoma pinitorquum*, vers 1859. La maladie fit d'abord peu de progrès, et en 1866 elle n'avait encore envahi qu'environ 5 hectares. Mais à partir de 1867 elle se propagea rapidement, et s'avança vers le sud, de 50 pas en 1867

70 — 1868
50 — 1869
130 — 1870
160 — 1871

La maladie avait alors atteint le bord sud du massif, qui était ainsi attaqué d'un bout à l'autre.

Robert Hartig a vu environ quarante massifs plus ou moins malades du *Cæoma pinitorquum*. Tous étaient près des champs, et paraissaient avoir été contaminés par quelque Urédinée parvenant à l'état de téleutospore sur des plantes agricoles ou sur les mauvaises herbes qui les accompagnent. La première année, les pins sylvestres n'étaient malades que sur le bord des champs, et seulement sur le côté des pousses situé en face de ces champs. A l'intérieur des massifs, sur la limite où la maladie s'arrêtait chaque année, on ne rencontrait le parasite que sur la cime des pins dominant le peuplement; les branches inférieures de ces résineux et les pins de moindre taille étaient sains; le vent n'y avait pas encore semé de spores de *Cæoma*.

Dans les pineraies malades, Robert Hartig a presque toujours remarqué la présence du tremble. Cependant le parasite de la feuille du tremble, le *Melampsora Populi,* doit être étranger à la maladie du pin; car, à l'état d'urédo, il forme l'*Epitea Populi*, et en outre la rouille du peuplier est répandue aussi dans des cantons où le *Cæoma* n'existe pas.

Ce cryptogame se montre sur les sols les meilleurs comme sur les plus mauvais, sur les sols frais comme sur les secs.

On ne pourra prévenir ou combattre l'invasion de ce parasite que lorsqu'on aura découvert la plante sur laquelle il germe et vit sous une autre forme, depuis le mois de juillet jusqu'au mois de mai de l'année suivante.

Provisoirement on peut conseiller d'enlever de

préférence, lors des éclaircies, les pins atteints du *Cœoma*, parce qu'ils ont moins d'avenir que les autres, et qu'en outre ils sont un foyer de contagion pour les pineraies.

IX. Rouille du Mélèze (*Cœoma Laricis* R. Hrtg). — Vers la fin de mai, ou dans la première moitié de juin, les réceptacles fructifères du *Cœoma Laricis* se montrent sur les aiguilles du mélèze, surtout à leur face inférieure. Ils sont colorés en jaune. Plus tard cette coloration s'étend sur la face supérieure de l'aiguille, et l'aiguille se ride au moins à son sommet. Puis les réceptacles fructifères se dessèchent, et ne peuvent plus que très-difficilement être distingués de l'aiguille colorée comme eux dans leur voisinage.

Fig. 23. — Sommet d'une branche de Mélèze dont quatre aiguilles sont atteintes par le *Cœoma Laricis*.

Le mycélium se développe dans le tissu de l'aiguille, sur une étendue de 5 à 15 millimètres. A la face inférieure de l'aiguille, et parfois aussi à sa face supérieure, il produit les spermogonies, qui, à l'œil nu, apparaissent sous la forme de points saillants et allongés (fig. 23).

Les urédos apparaissent presque toujours sur la face inférieure des aiguilles (fig. 23). Ils acquièrent une longueur de 1 à 5 millimètres. Leur largeur est variable; elle atteint bien rarement le tiers de celle d'une aiguille. Par suite, quoique disposés par paire, un de chaque côté de la nervure médiane, les urédos ne couvrent ni la nervure ni les bords de l'aiguille. Ordinairement plusieurs petits urédos se tiennent près les uns des autres. Lors du déchirement de l'épiderme qui recouvrait l'urédo, celui-ci s'entoure d'une bordure blanche, saillante, à sinuosités irrégulières. L'urédo est aplati et pauvre en urédospores.

La dissémination des spores est suivie de la mort du tissu cellulaire de l'aiguille, occupé par le mycélium ; et, par suite, le sommet de l'aiguille périt aussi.

Les dommages causés par le *Cæoma Laricis* sont analogues à ceux produits par le *Chermes Laricis*.

Le *Cæoma Laricis* a été observé par Robert Hartig, à Neustadt, dans le jardin de botanique forestière, sur des mélèzes vigoureux, âgés de 3 à 40 ans.

X. Rouille du Saule (*Melampsora salicina* Lév.). — Le *Salix caspica* Hort. (*pruinosa* Wendt, ou *acutifolia* Willd.) fut introduit à Neustadt au printemps de 1868. Il y réussit très-bien dans les bons terrains et dans les sables stériles; aussi en fit-on

Fig. 24. — *Salix caspica* envahi par le *Melampsora salicina*; *a*, feuille verte où s'installent les réceptacles fructifères du *Melampsora*; *b*, feuilles où ce parasite plus avancé a produit des taches noires et l'enroulement; *c*, réceptacle fructifère du *Melampsora*, sortant de l'épiderme de la tige.

plusieurs plantations en 1869 et en 1870. Les saules plantés en 1868 furent exploités au printemps de 1870, et, au mois de juillet de la même année, ils avaient déjà poussé des rejets hauts de 2 mètres. Malheureusement de nombreux urédos du *Melampsora salicina* Lév., apparurent sous la forme de rouille, au commencement de juillet 1870, sur les feuilles d'un saule dans une plantation de 1869. De ce saule, le parasite gagna les saules voisins, et vers la fin de l'été, toutes les oseraies de *Salix caspica* introduites à Neustadt. Plusieurs furent anéanties, et les autres si malades, qu'elles parurent perdues.

L'Urédinée auteur de ces dégâts a reçu des noms différents, suivant les formes qu'il revêt. Sous la forme hivernante, c'est-à-dire productive de téleutospores, elle s'appelle *Melampsora salicina* Lév.; tandis que, lorsqu'elle présente des urédos, elle a reçu le nom de *Uredo Epitea* Kze., *Uredo Vitellinæ* DC., *Epitea Salicis*, *Lecythœa Salicis* DC., etc.

La forme à urédos se montre en été, sur la face inférieure des feuilles (fig. 24 *a*), plus rarement sur la face supérieure, et parfois sur l'écorce des pousses (fig. 24 *c*). Elle se compose d'amas de spores pédicellées, jaune d'or pâle. Ces amas sont épars. Les urédos apparaissent aussi sur les stipules. De là, le mycélium s'étend dans le parenchyme de l'écorce, sur laquelle il produit un premier anneau d'urédos, puis un deuxième un peu plus éloigné (fig. 24 c). Les pousses meurent à cet endroit, et plus tard toutes les parties situées au-dessus. Les spores germent rapidement. Des semis d'urédospores sur des feuilles saines de *Salix caspica* ont été pratiqués souvent, et toujours avec succès, par Robert Hartig. Suivant que l'air est sec ou humide, les amas d'urédos se montrent sur les feuilles, huit jours ou un peu plus tard, après le semis des urédospores.

La forme à téleutospores se montre à la fin de l'été ou en automne dans le voisinage des urédos. Son stroma est d'abord jaune orangé, presque comme celui des urédos; mais bientôt il brunit, et enfin il noircit. Il n'est pas entièrement développé lors de la mort et de la chute des feuilles. Il grandit peu à peu dans les feuilles tombées sur un sol humide, et fructifie au commencement du printemps.

Les téleutospores produisent des sporidies. Celles-ci germent facilement, et produisent de nouveau la maladie sur le *Salix caspica*.

La forme à urédos et celle à téleutospores sont fréquemment associées. Cependant il arrive assez souvent que l'une d'elles se développe presque seule, et couvre la face supérieure des feuilles vivantes. Mais sur les feuilles mortes, il n'y a que la forme à téleutospores qui puisse végéter.

Sur les diverses espèces de saule on trouve des

Melampsora; mais on ignore s'ils forment des espèces différentes ou une espèce unique.

Étudions maintenant la marche de cette maladie. Sur les saules atteints les premiers, les taches jaunes sont peu nombreuses ; puis leur nombre augmente, et quand il y a beaucoup de feuilles malades, les nouvelles feuilles, avant d'avoir atteint leur développement, se couvrent de nombreuses taches, jaunissent, puis noircissent, s'enroulent (fig. 24 *b*) et tombent. Les pousses sont aussi fréquemment atteintes, et meurent en cime. Leur sommités desséchées permettent, en hiver ou les années suivantes, de reconnaître une précédente invasion du *Melampsora*. Quand la maladie apparaît de bonne heure, c'est à-dire au commencement de juillet, les feuilles et les sommets des pousses meurent promptement, et les saules émettent des branches latérales. Mais celles-ci succombent rapidement, avant d'avoir pu élaborer des matériaux de réserve pour l'année suivante.

A Neustadt, le parasite apparut pour la première fois au commencement de juillet 1870, sur un *Salix caspica* d'une plantation faite en 1869. En quatorze jours, ce champignon de rouille s'étendit sur les saules voisins, qui formaient des massifs contigus, dont trois plantés en 1869 et un en 1870. Une épaisse haie d'épicéas, haute de 5 mètres, formait une séparation entre les massifs ainsi attaqués et une oseraie plantée en 1868. Sur celle-ci, les premières traces de la maladie ne se montrèrent qu'au milieu d'août, lorsque, de l'autre côté de la haie, les saules étaient entièrement jaunes ou défeuillés. Ainsi, pendant un mois, les spores de la rouille n'avaient pu franchir la haie d'épicéas. Trois plantations de saules, faites en 1870 à une assez grande distance des précédentes, ne devinrent malades qu'au mois de septembre. A la fin de l'année, le massif planté au printemps précédent, et atteint de la rouille pendant la première moitié de juillet, avait entièrement péri; tandis que dans les plantations de même âge, rouillées seulement en septembre, les sommets des pousses étaient seuls morts. Les plantations plus âgées n'avaient pris aucun développement depuis leur invasion par la maladie, et quelques-uns des plants les premiers malades avaient péri.

En 1871, la végétation des saules fut chétive, et la longueur de leurs pousses fut à peine la moitié de celle des pousses de l'année précédente. Dans les premiers jours d'août, les plantations atteintes les dernières l'année précédente devinrent malades, et si gravement, qu'elles périrent avant l'hiver. Les autres plantations ne devinrent malades qu'à la fin d'août, et néanmoins deux d'entre elles moururent presque entièrement en automne.

En 1872, le parasite se montra le 1er juin sur un saule d'une plantation de 1869, et, le 18 juin, il avait envahi tous les plants voisins. Le 9 juillet, toutes les plantations de saule situées au même endroit étaient presque entièrement défeuillées.

En 1873, ce fut à la fin de juin que la maladie commença, et, à la fin de juillet, il avait envahi les trois oseraies survivantes.

Ainsi, en l'espace de quelques années, les deux tiers des plantations de *Salix caspica* avaient été anéantis, et le surplus était si malade, qu'on ne pouvait guère espérer son rétablissement.

Des observations précédentes il résulte que de nouvelles plantations, atteintes par la rouille en juin ou en juillet, meurent la même année. Pendant quelque temps, le feuillage mort des saules est remplacé par de nouvelles pousses et de nouvelles feuilles, qu'ils produisent au moyen des matériaux en réserve dans leur bois. Mais la prompte mort de ces nouveaux organes de nutrition ne permet pas aux saules de réparer leurs pertes, et alors les oseraies meurent d'épuisement à la fin de l'été ou en automne. Si les nouvelles plantations sont atteintes seulement en août ou en septembre, les organes de nutrition cessent de fonctionner; mais ils ont déjà élaboré assez de matériaux de réserve pour prévenir la mort des saules, et produire de chétives pousses l'année suivante. Les plantations plus âgées, faites depuis deux, trois ou quatre ans, résistent mieux contre la maladie, qui seulement arrête leur croissance jusqu'à la fin de l'année, et les condamne pour l'année suivante à une végétation misérable, à cause de l'insuffisance des matériaux de réserve. Mais si la maladie se renouvelle plusieurs années de suite, elle finit par tuer presque tous les plants.

L'humidité de l'air active la rouille du saule, en favorisant la germination des spores sur les feuilles.

Au début de la maladie, il est opportun de couper tous les rejets de saule atteints par le parasite, et de les brûler pour combattre son extension. Pour empêcher la reproduction de la maladie l'année suivante, il conviendrait de râteler en automne ou en hiver toutes les feuilles pouvant renfermer des téleutospores de *Melampsora*, et de les brûler. Ce procédé devrait être efficace, car toutes les téleutospores emprisonnées sous l'épiderme de la feuille ne pourraient échapper à la destruction.

XI. Rouille du Lin (*Melampsora Lini* Desm.). — Le *Melampsora Lini* Desm. est analogue au *Melampsora salicina*. Comme les autres *Melampsora*, il n'a ni spermogonies ni æcidiums connus, mais seulement des urédospores et des téleutospores. Il vient sur la tige et les feuilles du lin cultivé, dont il rend cassantes les fibres libériennes. Il s'est étendu d'une manière inquiétante en Belgique, où on le connaît sous le nom de *feu* ou *brûlure du lin*. Ainsi nous lisons dans le *Journal de la Société d'agriculture de Belgique*, que dans un seul canton (Celles), un quart des cultures de lin a été attaqué par ce parasite en 1869, et qu'il en est résulté un dommage de 75,000 fr.

On rencontre le même champignon sur le *Linum catharticum* L., plante sauvage, d'où il peut se transporter sur le lin cultivé.

Les autres espèces du genre *Melampsora* ont été peu remarquées jusqu'ici; un certain nombre d'entre elles vivent sur les Amentacées, par exemple: le *Melampsora populina* Lév., sur les peupliers; et le *M. betulina* Desm., sur le bouleau.

Au genre *Melampsora* se rattache le genre *Cronartium* Fr. Le *Cr. Ribis* (*Cr. ribicola*) se trouve sur le groseillier (*Ribes aureum*). On connaît depuis longtemps un *Æcidium* (*Æc. Grossulariæ* DC.) sur les feuilles et les fruits du groseillier rouge et du groseillier épineux.

4. BASIDIOMYCÈTES, *HYMÉNOMYCÈTES.*

Parmi les Basidiomycètes, c'est dans la famille des Hyménomycètes que nous rencontrons quelques cas bien constatés de parasitisme. La plupart des champignons de cette famille se contentent cependant de matière végétale en voie de décomposition. Quelques espèces seulement exigent des tissus végétaux, soit dans les premières phases de la décomposition, soit même vivants ; ce sont alors de véritables parasites. Nous avons à citer ici en première ligne un champignon qui forme le passage des *Hypodermés* aux *Hyménomycètes :* c'est l'*Exobasidium Vaccinii* Wor. (*Fusidium Vaccinii* Fuck.), qui est la cause de la maladie spongieuse des myrtilles (*Vaccinium Myrtillus* L. et *Vacc. Vitis idæa* L.).

I. **Maladie spongieuse des Myrtilles** (*Exobasidium Vaccinii* Wor.). — D'après M. Woronin, cette maladie attaque les feuilles, les tiges et les fleurs d'autant plus fréquemment, que le sol est plus humide. Les parties malades s'enflent beaucoup et s'étendent souvent sur toute la feuille, qui devient rouge-carmin à la face supérieure, en conservant son éclat, tandis qu'à la face inférieure, elle s'enduit d'une matière blanche ou jaunâtre mate. Enfin, à la face supérieure, on voit apparaître des taches jaunes ou brunes; puis la feuille se ratatine et meurt. C'est l'*Exobasidium Vaccinii* qui cause ces dégâts.

II. **Agaricus** (*Armillaria*) **melleus** L. — Ce champignon produit la maladie la plus répandue et la plus meurtrière parmi les bois résineux. Il fait mourir plus ou moins subitement le pin sylvestre, le pin Weymouth, le pin laricio d'Autriche, le pin à crochets, le pin maritime, l'épicéa, le sapin et le mélèze. C'est depuis l'âge d'environ 5 ans jusqu'à plus de 100 ans au moins pour les pins, que les peuplements sont attaqués par ce parasite. On reconnait sa présence à un abondant écoulement de résine sur la souche et les racines principales, à un mycélium blanc qui se développe sous l'écorce des racines et sous celle de la partie inférieure de la tige, enfin à des cordons brun noirâtre, semblables à des racines fibreuses, qui sortent du mycélium et parcourent la terre.

Mycélium. — Le mycélium de l'*Agaricus melleus* se montre simultanément sous la forme de filament et sous celle de corde ou de ruban; particularité qui le distingue du mycélium de la plupart des autres champignons. Nous allons étudier d'abord le mycélium qui a la forme de corde ou de ruban, et qui est connu sous le nom de *Rhizomorpha fragilis* Roth.

Celui-ci se divise à son tour en deux formes principales, appelées : l'une *Rhizomorpha subterranea*, et l'autre *Rhizomorpha subcorticalis*.

Les *Rhizomorpha* sont répandus dans toutes les forêts. Ils y vivent dans les racines mortes des bois feuillus et des bois résineux, et sur les arbres morts, entre l'écorce et le bois. Lorsqu'ils sont desséchés depuis longtemps et paraissent morts, l'humidité suffit pour leur rendre la vie et la végétation. Aussi les retrouve-t-on dans les tuyaux de fontaine, les vieux ponts et les boisages des mines les plus profondes, où ils ont été apportés des forêts, sur des bois atteints d'un commencement de pourriture.

Les *Rhizomorpha*, qui végètent librement dans l'air, ou dans la terre à l'extérieur des racines, ont la forme de cordons arrondis, brun foncé, très-ramifiés et semblables aux fibrilles des racines. Leur diamètre varie de 0,5 à 3 millimètres. Ces cordons constituent le *Rhizomorpha subterranea*. Ils sont représentés par les figures 25 *a* et 26. Le cordon dessiné dans la figure 26 s'est développé entre l'écorce et le bois d'un arbre mort ; légèrement comprimé, il s'est un peu aplati, et ses branches latérales se sont disposées en deux rangées.

Cette forme un peu aplatie nous montre la transition du *Rhizomorpha subterranea* au *Rhizomorpha subcorticalis*. Celui-ci se produit lorsqu'un Rhizomorpha croît dans le liber vivant des Conifères, ou dans les fentes étroites d'un arbre mort ou d'un rocher, et qu'alors, fortement comprimé, il se développe en ruban ou en éventail (fig. 27 *a*, *c*). Sur cette figure, on remarque la réunion des deux formes de Rhizomorpha. Les bords du *Rhizomorpha sub-*

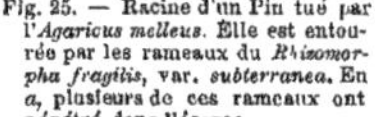

Fig. 25. — Racine d'un Pin tué par l'*Agaricus melleus*. Elle est entourée par les rameaux du *Rhizomorpha fragilis*, var. *subterranea*. En *a*, plusieurs de ces rameaux ont pénétré dans l'écorce.

Fig. 26. — *Rhizomorpha fragilis*, var. *subterranea*, qui s'est développé entre l'écorce et le bois d'un Pin, après sa mort.

corticalis développé en éventail sont ou profondément découpés, ou richement festonnés (fig. 27 *c*), ou bien quelquefois terminés par des cordons (fig. 27 *b*), qui tantôt se divisent en fibrilles, tantôt s'arrondissent comme le *Rhizomorpha subterranea*. L'écorce du *Rhizomorpha subcorticalis* est si adhérente au bois et à l'écorce, que lorsqu'on détache celle-ci, le Rhizomorpha se fend par le milieu et montre sa moelle blanc-neige.

Arrivés à leur complet développement, les cordons du *Rhizomorpha subterranea* se composent d'une écorce brun-noir, épaisse comme du papier, scarieuse et ordinairement lisse. Elle entoure une moelle blanche, finement tomenteuse, et ferme.

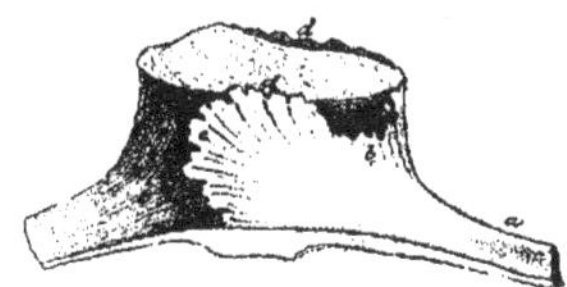

Fig. 27. — *a*, *Rhizomorpha fragilis*, var. *subcorticalis*, qui s'est développé dans le liber d'un Pin vivant, et dont la racine *e* est encore saine. Ce *Rhizomorpha* est festonné en *c*, et terminé en cordon en *b*. Il a continué de croître en *d* depuis l'abatage du Pin.

Du *Rhizomorpha subcorticalis* sortent des filaments très-fins et très-ramifiés, qui constituent le mycélium filamenteux du Rhizomorpha. Ils traversent le liber et, suivant les rayons médullaires, ils pénètrent dans l'intérieur du bois. Dans les Conifères, ils suivent les canaux résineux du bois, et y montent bien plus haut que le *Rhizomorpha subcorticalis*, dans l'écorce. Dans le voisinage des canaux

15

résineux, les cellules remplies d'amidon sont alors détruites par le mycélium filamenteux, et de grandes lacunes remplacent ces canaux.

Le mycélium filamenteux remplit un rôle très-important lorsque des *Rhizomorpha* se développent dans des bois morts, ou dans des bois de construction. Les filaments croissent en grand nombre dans les canaux, pénètrent tous les organes et accélèrent la décomposition du bois. Dans les lacunes qu'ils creusent à l'emplacement des rayons médullaires et des canaux ligneux, ils se montrent souvent en forme de touffes d'une couleur rouille, et d'une structure identique à celle des *Rhizomorpha* épanouis en touffes poilues à l'emplacement de leurs rameaux naissants.

Fig. 28. — Pin sur la souche duquel se montrent de jeunes réceptacles fructifères d'*Agaricus melleus*, les uns en bouquet *a*, et les autres *b* isolés ou par paire.

Enfin, le *Rhizomorpha subcorticalis*, à l'état frais, exhale l'odeur agréable de l'*Agaricus melleus*, et se montre phosphorescent dans l'obscurité, à quelque distance de l'observateur.

Réceptacle fructifère et organes de reproduction. — Les réceptacles fructifères de l'*Agaricus melleus* se montrent dans la deuxième quinzaine de septembre ou dans la première quinzaine d'octobre; les uns, sur la souche des arbres, lorsque le *Rhizomorpha subcorticalis* qui végète sous leur écorce, y trouve quelque fente pour en sortir; les autres, à l'extrémité des cordons de *Rhizomorpha* qui s'étendent dans le sol. La figure 28 montre un jeune pin malade. Des fentes de l'écorce, il sort des réceptacles fructifères en bouquet (*a a*). Ils sont produits par le *Rhizomorpha subcorticalis*, ainsi que l'indique la figure 29, où l'enlèvement de l'écorce a mis à nu ce *Rhizomorpha*. Quelques réceptacles fructifères plus isolés (fig. 28 *bb*) sont portés par des cordons de *Rhizomorpha subterranea* sortis de l'écorce.

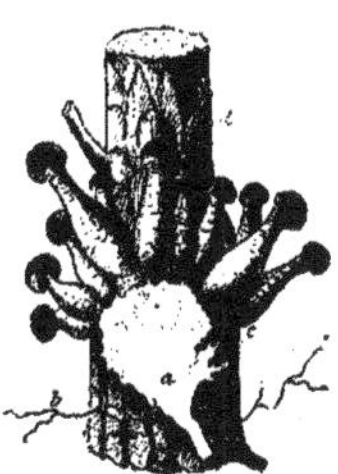

Fig. 29. — *c*, réceptacles fructifères de l'*Agaricus melleus* plus avancés que dans la figure 28, et végétant sur un Pin dont l'écorce a été enlevée pour laisser voir la base *a* et le sommet *d* du *Rhizomorpha subcorticalis*, ainsi que le *Rhizomorpha subterranea* *b* qui en sort.

Dans la figure 30 *b* on voit, sur deux rameaux de *Rhizomorpha subterranea* unis en fourche, sortir de nombreux réceptacles fructifères. Les supérieurs atteignent seuls leur complet développement. Les inférieurs restent d'autant plus petits, qu'ils sont plus près de la bifurcation.

Le développement du réceptacle fructifère, depuis

Fig. 30. — Pin tué par l'*Agaricus melleus*, dont le *Rhizomorpha subcorticalis* produit les réceptacles fructifères *d*, et dont le *Rhizomorpha subterranea* est stérile en *a*, tandis qu'il produit des réceptacles fructifères en *b* et en *c*. Le pivot du Pin est entouré de terre cimentée par de la résine.

sa naissance jusqu'au déchirement du voile, exige deux à trois semaines; temps relativement long, en comparaison du développement si rapide de tant de grands champignons appartenant aussi à la famille des Hyménomycètes.

La figure 29 représente le réceptacle fructifère lorsqu'il commence à former son chapeau. Le pédicule est alors très-épais, en forme de bouteille, et haut de 2 à 5 centimètres, tandis que le chapeau est encore très-petit relativement. La surface de celui-ci a une teinte cuivrée claire, et est couverte de bouquets de poils brun foncé. Au contraire, le pédicule est blanc, et, à sa partie supérieure, quelques bouquets de poils lui donnent un aspect tigré.

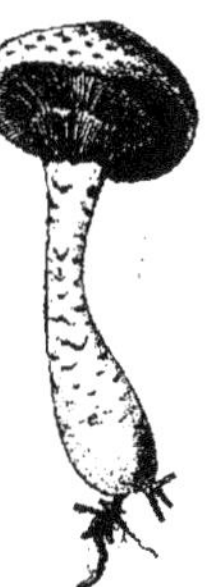

Fig. 31. — Réceptacle fructifère de l'*Agaricus melleus*, au moment où le voile *h* se détache du chapeau; *e*, pédicule.

Arrivé à moitié de son développement, le chapeau possède un voile (fig. 31 *h*). Mais celui-ci ne tarde pas à se déchirer et à se transformer en collier (fig. 32 *h*).

Arrivé à son complet développement, le réceptacle fructifère de l'*Agaricus melleus* a une assez grande taille; son pédicule est allongé, et son chapeau peut atteindre un diamètre de 15 cent. Le chapeau est alors charnu; il a la partie supérieure jaune de miel et poilue écailleuse. A sa partie inférieure, il est garni de lamelles blanches avec des macules roussâtres (hyménium). Le pédicule, d'abord

Fig. 32. — Réceptacle fructifère de l'*Agaricus melleus* complètement développé; *f*, chapeau; *h*, collier; *e*, pédicule.

plein, est alors fistuleux et fibreux. Près de son sommet s'étale le collier floconneux, provenant du voile. En vieillissant, le chapeau change sa couleur jaune de miel en une couleur fuligineuse.

Le réceptacle fructifère et le mycélium de l'*Agaricus melleus* ont l'odeur agréable de l'*Agaricus campestris*. L'*Agaricus melleus* est comestible. Cependant on ne le mange ni en France ni en Angleterre; mais il est très-employé à Vienne pour faire des sauces[1].

Manière de vivre de l'Agaricus melleus. — Ce champignon est très-répandu. En automne, il pousse par bouquets dans les forêts de bois feuillus et dans celles de bois résineux, sur la souche des arbres morts ou exploités. A quelque distance des souches, on voit encore sortir de terre, çà et là, quelques Agarics de la même espèce; mais alors, en fouillant la terre avec soin, on reconnaît que ces champignons sont produits par des cordons de *Rhizomorpha* sortis d'une souche d'arbre voisine ou de ses racines. C'est sur les souches mortes de hêtre, de charme, de chêne, de bouleau et de sorbier des oiseleurs que l'*Agaricus melleus* est le plus répandu. Mais, parmi les arbres feuillus en vie, il paraît que le cerisier et le prunier sont les seuls[2] qui puis-

[1] Voir les *Champignons*, par le Dr Cordier, page 216. J. Rothschild, éditeur.

[2] Aux environs de Valenciennes, les bouleaux et les aunes périssent souvent envahis par le mycélium de l'*Agaricus melleus*. La pourriture rouge du chêney est aussi causée par ce mycélium, lorsque celui-ci trouve une blessure dans l'écorce pour y pénétrer.

sent être attaqués et tués par ce champignon. Dans les plantations de ces arbres fruitiers, quand l'un d'eux meurt, et montre sur sa souche immédiatement une abondante végétation de *Rhizomorpha*, puis en automne une riche fructification d'*Agaricus melleus*, on voit, l'année suivante, les arbres voisins et de même espèce mourir de la même manière. Des cerisiers et des pruniers pleins de vigueur, mais disposés en rangée, peuvent ainsi mourir les uns après les autres, à raison d'un arbre par an, dans le sens où marche la végétation du cryptogame meurtrier.

C'est dès l'âge d'environ 5 ans que les arbres résineux peuvent être tués par l'*Agaricus melleus*. Les pins sylvestres, et probablement aussi les épicéas, restent exposés à ses atteintes pendant tout le cours de leur existence. On n'a pas encore étudié s'il en serait de même pour les autres Conifères; cependant on ne connaît pas encore d'exemple de mortalité causée par ce parasite chez des pins Weymouth âgés de plus de 40 ans, ni chez des sapins, mélèzes, laricios d'Autriche, pins à crochets et pins maritimes âgés de plus de 20 ans.

Les arbres sont en pleine santé lorsqu'ils sont attaqués par ce cryptogame. Quand un arbre meurt, si on arrache les voisins, on voit souvent que, malgré la belle végétation de leur tête, leurs racines contigués à celles de l'arbre mort commencent à mourir. C'est ainsi, par l'extrémité d'une racine latérale, que commencent la maladie et la mort. La maladie remonte cette racine, atteint la souche et, de là, rayonne dans toutes les autres racines. Cette maladie meurtrière, c'est le parasitisme du *Rhizomorpha fragilis*. Celui-ci (fig. 25 *a*) perce l'écorce d'une racine, pénètre dans le liber vivant et sain, s'y développe à l'état de *Rhizomorpha subcorticalis*, se dirige vers la souche, l'entoure entièrement et, de là, envahit les autres racines. Lorsque les arbres se touchent par leur souche, comme cela se présente chez les épicéas plantés en touffe, c'est par leur souche que les arbres d'une même touffe se communiquent le parasite meurtrier, dont l'action est alors plus rapide.

La figure 27 représente une souche écorcée, provenant d'un pin sylvestre vivant, à aiguilles encore bien vertes, âgé de 100 ans, et abattu depuis huit jours. La racine latérale (*a*) était depuis longtemps attaquée par le *Rhizomorpha;* car, en déterrant cette racine jusqu'à 3 mètres de la souche, on a reconnu que l'extrémité de la racine était décomposée, de manière que le bois en était devenu très-friable. Pendant les huit jours écoulés depuis l'abatage, le mycélium avait continué de croître en éventail dans le liber vivant, et s'était développé en *d d*, au-dessus de la section d'abatage. En *b* où, lors de l'abattage, l'écorce s'était séparée du bois et avait bruni, le *Rhizomorpha subcorticalis* n'avait produit que quelques cordons grêles, dont les pointes dépassent la section d'abatage. Ainsi, le mycélium végète bien plus vigoureusement dans le liber sain que dans celui qui est mort depuis peu. Toutes les autres racines et le côté (*e*) de la souche étaient en pleine santé. Aussitôt que le *Rhizomorpha* touche les tissus, ceux-ci brunissent; leurs cellules sont probablement tuées par le *Rhizomorpha*.

On ne sait encore que peu de chose sur la rapidité de l'accroissement du mycélium. On l'a déjà vu s'allonger d'environ 2 millimètres par jour, lorsqu'il végétait en plein air. Mais il n'est pas douteux que sa croissance varie avec les circonstances atmosphériques, et surtout avec la température. Une année suffit à ce parasite pour tuer des plants âgés seulement d'une dizaine d'années. Des pins âgés de six ans, à la souche desquels le *Rhizomorpha* avait été artificiellement inoculé au milieu de juin 1872, moururent en mai 1873.

De la souche, le *Rhizomorpha subcorticalis* ne s'étend pas seulement dans les racines saines, mais encore dans le liber de la tige, à une hauteur qui augmente avec le diamètre des arbres. Il s'élève ainsi jusqu'à 1 décimètre au-dessus de la souche dans les jeunes pins, et souvent jusqu'à plus de 2 mètres dans les vieux. Ce parasite ne peut se développer davantage, à cause de la mort et du dessèchement de l'arbre qui le nourrit. C'est la mort des racines qui produit la mort de l'arbre.

Les souches et les racines atteintes par le *Rhizomorpha* laissent suinter beaucoup de térébenthine.

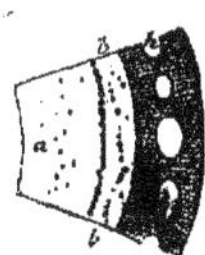

Fig. 33. — Coupe transversale faite à 3 décimètres au-dessus du sol, dans un Pin tué par l'*Agaricus melleus*; *a*, bois formé l'année précédente, et qui est normal; *b*, bois formé pendant l'année de la maladie; il a peu d'épaisseur, mais de grands canaux résineux; *h*, ampoules résineuses dans l'écorce.

Celle-ci s'oxyde au contact de l'air, se transforme en résine et cimente la terre qui entoure les racines (fig. 30).

Là où le liber et le cambium sont tués par le *Rhizomorpha*, il ne se produit plus de cercle annuel. Mais au-dessus il se forme encore, pendant l'année de la maladie, un cercle annuel très-mince, et où, le plus souvent, on observe des lacunes résinifères (fig. 33 *b*), qui ont pris un développement anormal.

Elles ne se montrent que jusqu'à une certaine hauteur au-dessus de la souche, hauteur variable avec l'âge et qui ne dépasse pas 50 centimètres chez des pins âgés de six ans, et hauts de 2 mètres. A côté de ces grandes lacunes du dernier cercle ligneux, on voit aussi dans l'écorce s'en développer d'autres fort grandes (fig. 33 *h*), pareillement remplies de résine, et qui, sur l'épicéa, saillent sous forme d'ampoule. Les lacunes anormales du bois et de l'écorce ne se produisent que chez les arbres attaqués déjà par le parasite, lorsque le cercle annuel commence à se former. Elles manquent chez les arbres contaminés plus tard, par exemple en juillet, s'ils meurent avant la formation du cercle ligneux de l'année suivante. Dans ce cas, la résine ne suinte pas moins de la souche.

Ce suintement de résine et les grandes lacunes résinifères sont produits par le mycélium filamenteux de l'*Agaricus melleus*. Les filaments sortis du *Rhizomorpha* traversent les rayons médullaires du bois, et arrivent jusqu'aux canaux résineux, où ils montent plus rapidement que le *Rhizomorpha* dans le liber. Aussi, dans un arbre où le *Rhizomorpha* n'a encore atteint que la partie inférieure de la souche, ou même seulement une racine latérale, on trouve déjà les filaments, à la partie inférieure de la tige, dans les canaux résineux. Ces filaments agissent très-activement sur les cellules entourant les canaux, cellules à paroi mince et qui charrient de l'amidon. Elles brunissent immédiatement, et enfin subissent une destruction totale. Les cellules des rayons médullaires sont pareillement détruites avec l'amidon qu'elles contenaient. La terébenthine des canaux résineux doit alors s'échapper au dehors par les vides qui ont remplacé les rayons médullaires. Les tissus ainsi anéantis avec leur contenu sont probablement transformés en térébenthine; car autrement on ne saurait expliquer la quantité de celle-ci qui s'épanche des arbres, et qui paraît supérieure à celle qui est contenue dans le bois avant son invasion par le cryptogame parasite. Sous l'écorce de la souche et des racines tuées par le *Rhizomorpha*, il se produit des cavités causées soit par le froncement de l'écorce morte, soit par la mort du mycélium; c'est dans ces cavités que s'amasse la térébenthine, qui, de là, suinte souvent dans le sol, à travers quelques fentes de l'écorce.

Au-dessus de la souche, là où le liber et le cambium sont encore sains, mais où le bois ne l'est plus, la térébenthine amenée des canaux intérieurs du bois, par les rayons médullaires transformés en voie d'écoulement, afflue dans l'écorce et dans le cambium. Dans l'écorce, elle produit les grandes ampoules (fig. 33 *h*), qu'elle remplit. Dans le cambium, elle provoque la formation de canaux à térébenthine anormaux. Parfois des canaux résineux disposés en ligne se fondent entre eux pour former des cavités grandes comme une fève et remplies d'une séve résineuse.

Voici quelques détails sur le cours de cette maladie. Si elle commence sur la souche ou près de la souche, en sorte que le mycélium puisse se propager de là rapidement dans toutes les racines, la mort arrive promptement. Alors, sans que le dépérissement de la cime, l'exiguïté des pousses et le pâlissement des aiguilles annoncent la présence du cryptogame rongeur, l'arbre sèche brusquement lorsque ses racines détruites cessent de l'alimenter. Souvent c'est au moment où les pousses s'allongent et paraissent végéter vigoureusement que, séchant subitement, elles annoncent ainsi la mort de l'arbre qui les a produites. Mais quand c'est loin de la souche, sur une racine latérale, que la maladie commence, elle marche plus lentement. Le mycélium doit alors monter jusqu'à la souche, et de là descendre dans les autres racines pour les tuer, ce qui exige un assez long espace de temps. Alors, à mesure que les racines périssent et que l'alimentation diminue, les aiguilles pâlissent, les nouvelles pousses sont plus courtes, et les cercles annuels plus minces. Souvent en automne, quand l'atmosphère est humide, on voit des arbres dont les aiguilles, quoique étiolées, sont encore vertes et fraîches; ces arbres sont donc encore vivants, bien que leur souche soit complétement incrustée de résine, et que la plupart de leurs racines ou même toutes soient mortes. Mais le printemps ou l'été de l'année suivante amène leur dessiccation et leur mort.

Des racines mortes il sort des cordons cylindriques et foncés de *Rhizomorpha subterranea*, qui s'étendent en plus ou moins grand nombre dans la terre environnante.

Sur des arbres morts dans le courant de l'été, les réceptacles fructifères naissent au commencement d'octobre. C'est à la fin de ce mois qu'ils épanouissent leur chapeau. A la fin de novembre, on trouve encore beaucoup de réceptacles fructifères, mais ils ont alors pris une couleur foncée. Au commencement du printemps, on retrouve souvent les débris des réceptacles fructifères sur la souche des arbres morts. Les souches des vieux pins sylvestres et pins Weymouth exploités produisent beaucoup de réceptacles fructifères, qui sortent entre l'écorce et le bois. Mais quand ces arbres sont sur pied, leur écorce est trop résistante pour que les réceptacles fructifères puissent la percer. Alors ceux-ci ne se montrent qu'à la surface du sol, à quelque distance du pied de l'arbre, soit isolément, soit par groupe, à l'extrémité de *Rhizomorpha* funiformes sortis des racines. Aux emplacements où, depuis une ou plusieurs années, on a exploité un vieux pin tué par l'*Agaricus melleus*, on voit en automne des milliers de réceptacles fructifères sortir, les uns des racines superficielles, les autres des cordons arrondis du *Rhizomorpha*. Le mycélium continue ainsi de vivre sur les arbres qu'il a tués, et d'y produire des réceptacles fructifères, souvent pendant plus de cinq années.

La maladie causée par l'*Agaricus melleus* est très-contagieuse. Dans un jeune peuplement d'essences résineuses croissant en massif serré, la mort d'un plant tué par le redoutable cryptogame amène successivement celle de ses voisins; en sorte qu'après quelques années, on trouve un bouquet de plants desséchés, dont ceux du centre sont morts les premiers, et ceux du pourtour les derniers. Si le massif serré est formé de plants disposés en ligne, ceux-ci meurent les uns après les autres dans deux directions, à droite et à gauche du premier plant qui a succombé. Aucun n'est épargné. Si au contraire le massif n'est pas serré, le parasite, tout en suivant une marche rayonnante, n'atteint pas tous les arbres. Beaucoup sont épargnés. Le peuplement n'est pas détruit, mais très-éclairci.

Chose singulière, le mélange d'essences résineuses variées n'entrave pas la propagation de cette maladie, qui d'un arbre se communique à son voisin, aussi facilement, s'ils sont d'espèces résineuses différentes, que s'ils sont de la même espèce. Ainsi les pins Weymouth deviennent malades dans le voisinage d'épicéas, de mélèzes ou de pins sylvestres tués par l'*Agaricus melleus*. Des pins tués par le même parasite contaminent pareillement les épicéas situés près d'eux. Les pins sylvestres et les épicéas victimes de la même maladie la communiquent d'une semblable manière aux mélèzes.

On peut inoculer artificiellement le parasite meurtrier. Ainsi le 13 juillet 1872, Robert Hartig ayant mis à nu, sans les blesser, la souche et une racine latérale sur quatre pins âgés de 8 ans, appliqua contre ces parties souterraines un morceau d'écorce où végétait le *Rhizomorpha subcorticalis*. En mai 1873, avant l'épanouissement des bourgeons, deux pins moururent. Le mycélium s'y était abondamment développé, surtout dans le voisinage du *Rhizomorpha* inoculé. Sur les deux pins restés vivants, le *Rhizomorpha* avait péri, sans doute peu après son application, et ainsi n'avait pu agir.

Le dangereux cryptogame se propage surtout au moyen des cordons arrondis du *Rhizomorpha subterranea*, qui, de l'arbre tué, s'étendent sous terre dans toutes les directions. Ils végètent ainsi horizontalement à une profondeur qui atteint 1 décimètre. On peut en déterrer de longs cordons, si l'on apporte à cette extraction les précautions convenables. Pour que le *Rhizomorpha* pénètre dans les racines, serait-il nécessaire qu'elles fussent blessées ou prédisposées d'une façon quelconque? Cela semble assez probable, quoique dans un massif serré aucun plant n'échappe à la contagion.

Les spores contribuent aussi à la propagation du parasite meurtrier. En sortant du chapeau de l'*Agaricus melleus*, elles tombent, sous la forme d'une poussière blanche, sur les feuilles, les aiguilles, les mousses, les branches mortes qui jonchent le sol sous cet agaric. Au mois de septembre de l'année suivante, cet enduit blanc est encore reconnaissable.

Cette maladie paraît absolument indépendante des influences climatériques. On la trouve sur les montagnes comme dans les plaines. Elle tue les Conifères au printemps, en été, en automne, et peut-être même en hiver. Elle sévit sur les sols les plus riches comme sur les plus pauvres, sur les sols frais comme sur les secs, et sur les sols argileux comme sur les sablonneux. Elle dévaste les massifs plantés, comme ceux semés. Elle atteint les arbres à végétation rapide comme ceux à végétation lente, les arbres dominants comme les dominés. Chaque année, elle agit comme les années précédentes. Mais elle paraît sévir avec plus d'intensité dans les résineux substitués à des bois feuillus, après l'arrachis de ces derniers, et dans les massifs résineux où l'on a introduit un abondant mélange de bois feuillus. Cela résulterait peut-être de ce que, sur les racines mortes des bois feuillus, le *Rhizomorpha* se développerait alors plus abondamment, et de là se porterait sur les bois résineux.

Dès qu'un pin sylvestre un peu âgé est tué par l'*Agaricus melleus*, les hylésines et les coléoptères analogues se jettent sur lui et en dévorent l'écorce.

Pour arrêter les ravages causés par l'*Agaricus melleus*, il faut extirper les souches et les racines des arbres qu'il a tués et de ceux qui leur sont contigus. Une simple exploitation serait inefficace, car elle laisserait dans le sol les souches et les racines, sur lesquelles le *Rhizomorpha* continue de végéter quelques années, en produisant ses longues racines funiformes, pour atteindre d'autres arbres. Pareillement, n'arracher que les arbres morts serait insuffisant, puisqu'alors le parasite a ordinairement atteint quelques racines des arbres voisins. L'arrachis de ceux-ci est donc aussi indispensable.

III. Trametes Pini Fr. — La pourriture rouge au cœur du pin sylvestre est produite par le mycélium du *Trametes Pini*. Le réceptacle fructifère ou chapeau de ce champignon est en forme de console; il est produit par les filaments mycéliens qui traversent l'aubier, en suivant les tronçons de branches dont l'extrémité n'est pas encore recouverte par les dernières couches concentriques de la tige. Mais avant de donner des détails sur la formation de la pourriture rouge, commençons par décrire le parasite qui la produit.

Mycélium. — Le mycélium du *Trametes Pini* possède une aussi grande variété de forme et de coloration que celui de l'*Agaricus melleus.* Il se montre tantôt à l'état de filaments isolés, bruns ou incolores, végétant dans l'intérieur des cellules ligneuses, tantôt sous la forme feutrée. Le mycélium feutré naît dans le bois malade, là où la destruction des rayons médullaires a produit des cavités en forme de fentes ou de crevasses, et dans lesquelles les filaments ont pu se multiplier abondamment. La couleur du mycélium est alors brun-rouille, mais parfois elle est blanche.

Lorsque les filaments mycéliens rencontrent dans les pins quelque cavité où ils peuvent se développer plus librement, ils y forment soit des membranes délicates et lâches, soit d'épais et résistants lobes de champignon, soit de solides et volumineux corps de champignon. Les cavités nécessaires à ces formations sont produites par la pourriture et le dessèchement du bois. En effet, la contraction subie alors par le bois produit des fentes dans la direction des rayons médullaires, et très-souvent des roulures ou fentes circulaires, causées par le retrait du cœur qui se détache de la zone externe du bois. Ces fentes rayonnantes ou circulaires ne tardent pas à se rem-

Fig. 34. — Section faite dans un Pin sylvestre atteint par le *Trametes Pini*; *a*, tronçon de branche sur lequel a germé le *Trametes Pini*; *e*, cavité remplie d'un mycélium brun; *i*, bourrelet du chapeau; *f*, pores formant l'hyménium du chapeau; *d*, aubier sain; *c*, zone de bois parfait extérieurement incrustée de résine et intérieurement envahie par le mycélium; *g*, plaques de mycélium en forme d'amadou; *b*, cœur du bois en partie décomposé, et dans lequel on voit de nombreux trous et des taches blanches.

plir de filaments à croissance rapide (fig. 34 *gg*), qui y produisent des membranes de champignon, épaisses, brunes, et semblables à de l'amadou.

Sous les réceptacles fructifères, le bois cesse de croître, et, par suite, il se forme entre le rhytidome et le bois une cavité (fig. 34 *e*), que remplit le tissu du champignon. Sous les réceptacles fructifères âgés, la branche morte qui a donné accès au cryptogame dans l'intérieur de l'arbre, est souvent détruite, et l'emplacement de cette branche est occupé par un volumineux mycélium brun. Si on place dans un lieu humide, par exemple dans une cave, un bloc de pin habité par le *Trametes Pini*, le mycélium se développe à la surface de ce bloc, et la revêt d'un tissu brun, épais comme le doigt. Lors de la destruction du bois par ce parasite, il s'y forme des cavités qui proviennent surtout de l'anéantissement des rayons médullaires. Ces cavités se remplissent d'un mycélium brun d'abord, et blanc plus tard.

Des pins peuvent être attaqués simultanément par le *Trametes Pini* et l'*Agaricus melleus;* coïncidence fortuite qui a déjà fait supposer, mais à tort, que le réceptacle fructifère du *Trametes Pini* serait produit par un *Rhizomorpha*.

Réceptacle fructifère et organes de reproduction. — Le mycélium du *Trametes Pini* ne pénètre pas dans l'aubier; aussi ne peut-il sortir d'un pin et franchir l'aubier, qu'en suivant les tronçons de branche non recouverts qui traversent l'aubier. Voilà pourquoi les réceptacles fructifères ne naissent qu'à l'extrémité de chicots de branches, soit que ceux-ci saillent au dehors, soit qu'enfoncés dans l'arbre, ils aboutissent à un trou encore béant à l'extérieur. Du bois de la branche (fig. 34 *a*), le mycélium s'étend entre les écailles du rhytidome environnant. Le tissu mort des écailles du rhytidome est entièrement traversé par le mycélium, en sorte que ces écailles se fondent parfois avec le mycélium. Les filaments bruns se ramifient abondamment dans le rhytidome; mais plus nombreux encore y sont les filaments blancs, qui, les uns épais, les autres très-minces, perforent les cellules et souvent les remplissent complétement. Le rhytidome du pin naît du liber, parce que dans le parenchyme du liber il se produit des lames de liége qui, du liber interne encore actif, détachent des écailles plus ou moins grandes. Ces lames de liége se composent d'un tissu de cellules subéreuses à parois très-minces, revêtu intérieurement et extérieurement par une couche de cellules à parois très-épaisses. Aussi le mycélium prend-il facilement un grand développement dans le tissu interne des lames de liége. En diverses places, le mycélium se développe entre les écailles du rhytidome et les soulève.

La partie du jeune réceptacle fructifère qui s'épanouit au dehors, entre les écailles du rhytidome, a d'abord une couleur jaune-rouille clair et une surface veloutée.

Quand le jeune réceptacle fructifère s'avance entre les écailles du rhytidome, il montre sur une partie de sa surface un bourrelet, et sur le surplus, de petites cavités, ébauches des canaux (fig. 34 *f*), qui formeront la surface hyméniale.

A de rares exceptions près, les canaux sont verticaux et par suite leurs ouvertures sont très-allongées dans les jeunes réceptacles fructifères. Tandis que les canaux s'allongent verticalement, le chapeau grandit horizontalement, par l'accroissement périodi-

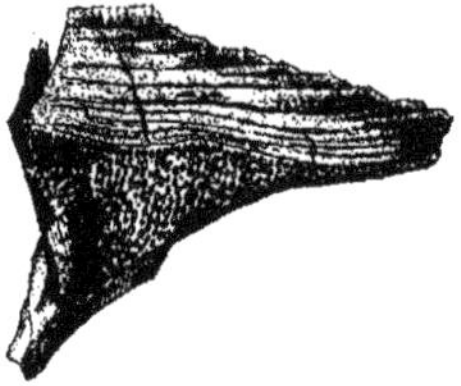

Fig. 35. — Chapeau de *Trametes Pini*. Il est vieux, en forme de console, et deux fentes traversent ses bourrelets.

quement interrompu du bord du bourrelet (fig. 34 *i*) dans le voisinage de la surface hyméniale. Le bourrelet est d'abord velouté et jaune-rouille clair, mais bientôt il brunit. La partie supérieure, qui reste stérile, a sa surface veloutée promptement détruite par les agents atmosphériques; elle devient noire et rude, à la suite de la rupture et de la décomposition des extrémités des filaments. Elle est partagée en zones correspondant à chaque période de végétation, variant d'épaisseur suivant que les conditions atmosphériques ont été plus ou moins favorables à leur accroissement, et interrompues par plusieurs fentes rayonnantes (fig. 34 et 35).

Le plus souvent les chapeaux naissent isolément à l'emplacement où existait une branche; mais quand un de ces réceptacles fructifères est brisé, il donne ordinairement naissance à plusieurs autres.

Fig. 36. — Chapeau de *Trametes Pini*. Il est mort de vétusté en *aa*, mais laisse encore voir ses pores en *bb*. Il est recouvert d'un nouveau tissu en *cc*, avec de nouveaux pores *d*.

On reconnaît l'âge du chapeau au nombre des couches ligneuses manquant dans l'emplacement (fig. 34 *e*). Dans cet échantillon, le réceptacle fructifère est âgé de 50 ans. A un âge avancé, le chapeau cesse de croître, il se décompose d'abord à la surface, qui devient rugueuse (fig. 36 *a*); puis il devient friable et se détruit. Très-souvent les chapeaux ne meurent que partiellement; ils se régénèrent alors en se couvrant d'un nouveau tissu (fig. 36 *c*), où naissent de nouveaux canaux (*d*).

L'accroissement annuel du *Trametes Pini* a lieu du mois de septembre ou de la mi-août jusqu'au commencement ou la fin de novembre. Elle exige une humidité atmosphérique assez constante pour donner au réceptacle fructifère l'humidité qui lui est alors nécessaire.

Mode d'existence. — Le *Trametes Pini* ne peut développer son mycélium que dans le bois parfait des pins sylvestres, et ainsi seulement dans ces pins âgés. De là le constant insuccès des essais entrepris pour le propager artificiellement sur les pins de 30 à 40 ans, tandis que, sur des pins plus âgés, ces essais réussirent toujours. Pour cette inoculation, on perfore avec une tarière un pin sain, et on y introduit, en contact avec le bois parfait, un copeau qu'à l'aide d'une tarière on extrait du cœur malade d'un pin. Le mycélium contenu dans le copeau peut, en un an, s'étendre à une distance d'un décimètre dans le pin jusque-là sain. Il s'y développe dans la masse des fibres ligneuses, et surtout dans les rayons médullaires, par lesquels il se propage rapidement dans l'intérieur de l'arbre. D'ailleurs ce n'est que sur des pins âgés d'au moins 60 à 70 ans que l'on trouve des chapeaux de *Trametes Pini*. Ainsi ce n'est pas avant l'âge de 40 à 50 ans que le pin peut être attaqué par ce parasite.

Chez les pins les plus malades, l'aubier (fig. 34 *d*)

reste sain, blanc et sans mycélium sur une épaisseur de plusieurs centimètres. En outre, la maladie ne part pas de la racine, comme la pourriture rouge chez l'épicéa, mais du haut de la tige, et se restreint parfois à quelques branches de la tête. C'est alors, par la rupture ou la coupe de fortes branches, que des tronçons contenant du bois parfait (fig. 34 a) peuvent servir de passage à travers l'aubier, au parasite, pour atteindre le cœur du pin. De là, la maladie s'étend dans toutes les directions, mais surtout dans celle de la longueur; aussi les planches et les poutres provenant d'un pin malade présentent souvent des raies brunes au milieu du bois sain. Très-souvent la maladie est localisée dans une partie de l'arbre, et il suffit d'en retrancher plusieurs longueurs de bûche, pour que le surplus fournisse du bois d'œuvre sain. Parfois la maladie s'étend dans toute la tige et descend même dans la racine.

Voici comment le *Trametes Pini* détruit ordinairement les tissus ligneux. Ses filaments mycéliens, qui s'étendent entre les cellules des rayons médullaires et les fibres ligneuses, y produisent des rameaux qui perforent en maints endroits les parois mêmes de ces cellules et de ces fibres, et les frappent de mort en peu de temps.

Dans un état encore plus avancé de la maladie, le bois d'automne, et parfois celui de printemps, se creusent de trous (fig. 34 *b*), qui s'élargissent peu à peu, et qui, entourés de fibres blanches comme de l'argent, apparaissent comme des taches blanches sur la masse rouge du bois. Le bois qui entoure ces trous est très-friable et s'émiette facilement quand on y fait des sections minces.

A l'emplacement des rayons médullaires, il naît fréquemment un cordon mycélien brun ou blanc, comme d'ailleurs dans toutes les cavités qui permettent au mycélium de prendre un grand développement. Ainsi, lors de la décomposition du bois parfait, celui-ci se dessèche, se contracte, en produisant des fentes, les unes rayonnantes comme des gélivures, les autres circulaires comme des roulures, et alors ces fentes se revêtent d'un mycélium membraneux et rubigineux, qui sort surtout des rayons médullaires.

De quelque manière que se décompose le bois parfait, il y naît des cavités qui grandissent et se multiplient, jusqu'à ce qu'il ne reste du pin qu'un cylindre creux, dont la paroi interne est revêtue d'une poussière jaunâtre provenant de parcelles de résine. Avant que cette dernière phase de la décomposition se montre dans l'intérieur de la tige, elle s'accomplit dans les tronçons des branches (fig. 34 *a*) qui ont servi à l'introduction du parasite et à la sortie du réceptacle fructifère. Entre l'aubier qui reste sain et le bois parfait rongé par le mycélium, on observe une zone (fig. 34 *c*) sans filaments, et très-incrustée de résine. Il en est de même dans les tronçons de branches sur lesquels sont insérés les réceptacles fructifères. La térébenthine qui produit ces incrustations provient probablement des canaux résineux verticaux détruits à l'intérieur du bois, et elle aura coulé par les canaux résineux rayonnants.

Parfois on a supposé que ce n'était pas le *Trametes Pini*, mais la vétusté, qui donnait au pin la pourriture rouge. On ne faisait pas attention à ce que les pins sont souvent atteints de cette maladie dès l'âge de 60 ans, tandis que d'autres en sont souvent exempts à 200 ans.

La pourriture rouge du cœur du pin a encore été attribuée à la cessation des fonctions vitales dans cette partie centrale de l'arbre. C'était encore une erreur; car Robert Hartig ayant scié circulairement l'aubier et même la partie externe du cœur de pins âgés de 110 ans, puis ayant mis du papier huilé dans le trait de scie, pour maintenir la solution de continuité des couches externes, ces pins ont continué de vivre pendant plusieurs années, en faisant alors passer leur séve par le cœur, qui était ainsi resté vivant.

Les pins attaqués par le *Trametes Pini*, cause de la pourriture rouge, se trouvent sur les sols les plus mauvais et sur les meilleurs, sur les sols secs et sur les humides. Cependant ils sont en plus grand nombre sur les meilleurs terrains.

Cette maladie sévit surtout aux expositions et aux altitudes où le vent et la neige rompent les branches des pins, et dans le voisinage des villes et villages dont les délinquants cassent ou coupent les branches des pins. Les spores du *Trametes Pini* germent sur les sections des branches fraîchement coupées ou cassées, et la pourriture produite par son mycélium atteint la plupart des pins ainsi mutilés par la main de l'homme ou les intempéries de l'atmosphère. Si cette maladei est plus commune sur les meilleurs sols, c'est sans doute parce que les cercles annuels du bois y sont plus larges et moins résistants; ce qui rend alors très-cassantes les branches de pin. Les tronçons de branche qui ont servi à l'introduction du *Trametes Pini*, ne peuvent ultérieurement servir pour l'épanouissement du réceptacle fructifère que si dans l'intervalle ils n'ont pas été recouverts par un bourrelet.

Les branches qui meurent naturellement paraissent ne pouvoir servir au *Trametes Pini* pour s'introduire dans le cœur du pin. En effet, elles ne se cassent que lorsqu'elles sont pourries; en outre, le tronçon qu'elles laissent a le cœur incrusté de résine, et l'aubier sec ou décomposé par des champignons ne vivant que sur le bois mort.

On dispose de moyens efficaces pour prévenir la pourriture rouge dans les pineraies.

D'abord, il faut empêcher les délinquants d'y couper ou casser des branches vivantes. Puis, quand on coupe des branches vivantes aux pins, pour obtenir plus tard du bois d'œuvre sans nœud, il faut ne pratiquer cet élagage que dans les pineraies n'ayant pas plus de 30 ans, parce que jusqu'à cet âge les tronçons de branche ne contiennent pas encore de bois parfait, et qu'en outre les jeunes pineraies sont ordinairement éloignées des vieux massifs où se trouvent les *Trametes Pini*, qui de là disséminent leurs spores.

Enfin, tous les pins qui portent des champignons doivent être exploités sans retard dans les coupes ordinaires, et dans le surplus des forêts au moyen de jardinages aussi répétés que possible. Les champignons producteurs des spores seront ainsi détruits; résultat qu'on ne pourrait obtenir en coupant seulement les champignons, qui alors renaîtraient en peu d'années. En outre, comme les pins rongés par les filaments du *Trametes Pini* pourrissent rapidement s'ils restent sur pied, et subissent une dépréciation que leur accroissement ne saurait compenser, il est préférable de les exploiter avant qu'ils aient perdu toute leur valeur. Si une parcelle était si malade que cette exploitation dût y trop interrompre le massif, il pourrait même être opportun de l'exploiter tout entière prématurément.

Sur l'épicéa, le sapin et le mélèze, le *Trametes Pini* produit les mêmes ravages que sur le pin sylvestre; et les mêmes moyens préventifs doivent être employés pour restreindre la multiplication de ce dangereux parasite.

Fig. 37. — Réceptacle fructifère de *Trametes radiciperda*.

IV. Trametes radiciperda Robert Hartig. — Ce parasite est très-commun et très-meurtrier. Il tue les Conifères jeunes ou vieux, ainsi que les arbres feuillus, tels que le hêtre et l'épine blanche, et il produit des clairières, notamment dans les pineraies et les forêts d'épicéa. Les arbres qu'il a fait mourir montrent sur leurs racines et leur souche, entre les écailles de l'écorce, des stromas blancs, ordinairement petits, mais qui grandissent lorsque le sol le permet, et forment alors des réceptacles fructifères grands comme la main, blancs de neige et de formes diverses (fig. 37 et 38 *a*). La surface de ces réceptacles fructifères est percée de pores nombreux et petits, dans lesquels naissent les spores. Le mycélium remonte, en suivant l'écorce, jusqu'à la souche, et de là gagne toutes les autres racines. La destruction de celles-ci amène la mort de l'arbre. De l'écorce des racines, le mycélium pénètre dans l'intérieur de l'arbre; par

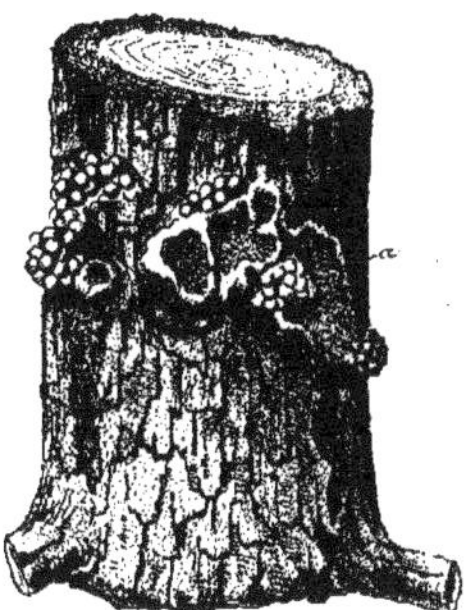

Fig. 38. — Souche d'un Pin sylvestre tué par le *Trametes radiciperda* dont on voit en *a* les réceptacles fructifères.

suite le bois devient brun-rouge, friable, et pourrit. Si, dans le voisinage des racines habitées par le *Trametes radiciperda* se trouvent des racines saines de Conifères ou autres arbres qu'il peut attaquer, il les envahit. Ainsi les arbres voisins meurent de proche en proche. Contre cette maladie il n'y a qu'un remède, c'est d'isoler, par des fossés suffisamment profonds, les arbres morts ou malades.

V. Polypores. — Aux environs de Valenciennes, M. d'Arbois de Jubainville a reconnu que les Polypores causent quelquefois des dommages notables dans les forêts. Voici quelques-unes de ses observations à ce sujet :

Le *Polyporus nigricans* F. est parasite sur le peuplier blanc, et il y est vivace. Son réceptacle fructifère est sessile et en coussinet épais. La face supérieure est convexe; elle est formée de sillons concentriques, noirs, brillants, glabres, très-durs, et dont le nombre indique l'âge du Polypore, car un sillon nouveau s'y forme chaque année. La face inférieure est aplatie, rouillée pâle, glabre, et percée d'un nombre immense de pores très-petits, inséparables, et qui produisent des spores blanches. La chair est très-dure et rouillée.

Les spores ne germent pas sur l'écorce, mais sur le bois mis à nu par une plaie, telle que celle produite par l'élagage ou la rupture d'une forte branche; car le mycélium ne se développe facilement que dans le bois du cœur. Dans le cœur du peuplier blanc, le mycélium peut, en vingt ans, atteindre une longueur de 20 mètres, en rendant mou et friable le bois, qui même se détruit bientôt complétement. Le jeune bois est épargné sur une épaisseur d'environ 5 centimètres; aussi le peuplier blanc continue-t-il de croître, quoique son cœur soit mort ou même remplacé par une cavité circulaire.

Dans le cœur du peuplier blanc, le mycélium précède la décomposition des tissus ligneux, et il est ainsi l'auteur de leur désorganisation.

Pour prévenir dans les forêts les ravages du *Polyporus nigricans*, il faut enlever promptement tous les arbres qui en sont atteints, et d'où se disséminent les spores, qui propagent sur les arbres environnants ce parasite redoutable. Il serait inutile d'en couper seulement les réceptacles fructifères. En effet, ceux-ci sont alors remplacés par d'autres en plus grand nombre; car il en naît plusieurs à l'emplacement de chacun. D'ailleurs l'exploitation immédiate de ces arbres permettra de les utiliser, avant que leur cœur, et par suite leur valeur, soient anéantis; perte qu'on subirait si, pour les exploiter, on attendait le passage des coupes ordinaires.

Le *Polyporus igniarius* F., très-voisin du *Polyporus nigricans*, mais qui s'en distingue par l'aspect terne et non brillant de sa face supérieure, attaque les chênes d'une manière identique. Cependant son mycélium s'y développe moins rapidement. Ainsi en vingt ans, il n'y atteint qu'une longueur d'environ 5 mètres, dont 1 mètre au-dessus de la plaie par laquelle il atteint le cœur, et 4 mètres au-dessous.

Sur les saules, le *Polyporus conchatus* Pers., le *Trametes suaveolens* L., et le *Trametes rubescens* Alb. Schw., causent des dégâts analogues à ceux du *Polyporus nigricans* sur le peuplier blanc.

Le réceptacle fructifère du *Polyporus conchatus* Pers., ou *Trametes conchatus* Fr., est vivace, sessile, mince, en forme de coquille, subéreux ligneux, rouillé, assez foncé à la face supérieure, assez clair à la face inférieure. La face supérieure est formée de zones concentriques, saillantes et bosselées. Sur ces zones s'étend un duvet tomenteux, roux orangé, et qui disparaît à un âge plus avancé. Après la chute de ce tomentum, les zones brunissent et noircissent. La marge est aiguë, et la chair est rouillée.

Le *Trametes suaveolens* a une odeur et une saveur anisées, fortes et agréables. Son mycélium est vivace, tandis que son réceptacle fructifère est annuel et ne persiste que jusqu'au printemps. Ce réceptacle est sessile, demi-circulaire, un peu tendre, blanc intérieurement et extérieurement, tomenteux, à trame homogène, à pores ronds et inégaux. Le mycélium se développe de préférence dans le bois du cœur; mais il finit par pénétrer dans les dernières couches concentriques du saule, qu'il tue alors.

Assez voisin de ce parasite, le *Trametes rubescens*

s'en distingue par sa faible odeur et par sa couleur, qui, du blanc, passe rapidement au rosé incarnat. Il est aussi nuisible aux saules.

Le *Polyporus betulinus* Bull. paraît également funeste au bouleau. Son mycélium s'y développe très-rapidement. Son réceptacle fructifère est sessile ou presque sessile, d'abord succulent, puis induré, automnal, persistant jusqu'au printemps, et non stratifié. Sa face inférieure et sa chair sont blanches. En automne, sa face supérieure est couverte d'une pellicule couleur chocolat. Mais cette pellicule est séparable et finit par se détacher; par suite, à la fin de l'hiver, la face supérieure du réceptacle fructifère est blanche comme celle du bouleau. Les pores sont ronds, séparables les uns des autres, ainsi que de l'hyménophore.

Beaucoup d'autres Polypores et *Trametes*, et même maints Agarics sont également parasites sur les arbres, et y causent des ravages analogues.

Contre tous ces champignons, il faut employer les mêmes moyens préventifs qu'à l'égard du *Polyporus nigricans*, à savoir : l'exploitation immédiate des arbres rongés par ces parasites.

VI. Cercles de Sorcières. — Ce sont encore les Hyménomycètes qui produisent dans les prairies les cercles de sorcières, places circulaires plus ou moins étendues, quelquefois de 7 à 16 mètres de diamètre, limitées en dehors par une zone de 15 à 20 centimètres, d'un vert gai, et en dedans par une autre zone formée de gazons morts, et peu régulière. Dans certaines années, le cercle vert extérieur se distingue par un nombre plus ou moins considérable de champignons à chapeaux.

Les cercles grandissent tous les ans et restent visibles longtemps. Quelquefois le cercle vert est dépourvu de champignons; d'autres fois ceux-ci y sont tellement nombreux, que les chapeaux sont serrés les uns contre les autres et se gênent mutuellement.

D'après M. G. Jorden[1], ce sont surtout les *Agaricus campestris, Oreades* et *giganteus* qui forment les cercles de sorcières; les deux dernières espèces paraissent tuer les racines des herbes.

On explique les cercles de sorcières par l'accroissement périphérique (amphigène régulier) du mycélium, qui, sorti d'une spore, s'étend progressivement à l'extérieur et meurt en même temps à l'intérieur. De cette manière, il se forme un mycélium vivant, qui produit un grand nombre de chapeaux, quand les conditions sont favorables. Ces chapeaux durent peu; ils se décomposent rapidement et produisent un engrais. Le mycélium lui-même, quand ses filaments ne sont pas assez nombreux pour tuer

[1] *Bot. Zeit.*, 1862, n° 47, p. 407.

les racines, agit comme excitant. Quand les conditions atmosphériques ne sont pas favorables, le mycélium peut rester stérile pendant des années.

5. ASCOMYCÈTES.

A. *PYRÉNOMYCÈTES.*

La famille des *Pyrénomycètes* est plus variée en formes que celle des *Hypodermés*, et beaucoup plus nuisible que celle des Hyménomycètes. Pour nous, les Pyrénomycètes sont la famille la plus importante des *Ascomycètes*, dont les spores naissent librement dans une cellule-mère appelée *asque*. En outre, les Ascomycètes possèdent souvent des conidies et des stylospores, dont l'apparition régulière dénote des générations alternantes. Chez les Pyrénomycètes, les asques sont contenus dans des conceptacles globuleux ou lagéniformes désignés sous le nom de *périthèces*.

a. ÉRYSIPHÉS.

Les plantes atteintes par ces parasites paraissent en général couvertes de farine. Les taches blanches sont ou isolées sur les tiges et les feuilles, ou confluentes et formant un enduit continu (voir fig. J parmi les planches en couleur), blanc d'abord, puis jaune, et enfin brun. En examinant cet enduit, on voit qu'il est composé du mycélium et des bourgeons de l'*Erysiphe*, dont les filaments enchevêtrés se tiennent à la surface de la plante et ne pénètrent pas plus avant que l'épiderme. Jusqu'à présent du moins, on n'y a pas trouvé le mycélium, quoiqu'on soit tenté de croire qu'il doive y pénétrer, à cause de l'apparition régulière, pendant plusieurs années consécutives, de l'*Erysiphe* sur la même plante.

Ce parasite est déjà nuisible aux plantes, parce qu'il les soustrait à l'action directe de l'air et de la lumière; mais il leur nuit bien davantage par ses suçoirs qui ressemblent à ceux d'un *Peronospora*.

I. Oïdium de la Vigne (*Erysiphe Tuckeri* Berk). — D'après Œrstedt, cette maladie était déjà connue des Romains. Mohl dit qu'elle apparut pour la première fois, avec son caractère destructeur, à Margate en Angleterre, dans les années 1845—1847. En 1848, elle passa en France, où elle fut observée d'abord à Suresnes et à Versailles, puis de là dans le Midi et en Italie en 1851. Pendant l'automne de la même année, elle se montra dans le Tyrol, à Botzen, d'où elle s'étendit sur toute la Suisse et enfin par ci par là en Allemagne. Au commencement, les serres étaient surtout frappées; mais maintenant aucune exposition, ni aucune variété, n'est plus à l'abri à l'air libre.

Ce champignon ne végète jamais que sur l'épiderme vivant de la plante. Si ses ravages ne s'étendaient que sur les rameaux, la maladie ne serait pas si dangereuse, parce que les couches épidermiques, qui seules sont attaquées, se dessèchent pendant l'hiver suivant et tombent au printemps. Les entre-nœuds inférieurs, les plus âgés, sont d'abord infestés; le mycélium rampe horizontalement, se ramifie en forme de barbes de plume, et enfonce ses suçoirs dans les cellules épidermiques.

Dans quelques cas, comme l'a déjà observé Visiani, la présence du suçoir dans la cellule épidermique ne change pas beaucoup le contenu de celle-ci; dans d'autres cas, au contraire, le contenu et la paroi brunissent aussitôt, et la cellule meurt; plus tard les cellules voisines brunissent aussi. Sur les feuilles, les cellules brunissent souvent sans que l'épiderme meure. C'est de cette manière que se forment les grandes taches brunes sur l'écorce et sur les feuilles (voir fig. J parmi les planches en couleur), puis les petits nodules sur les grains, qui, bientôt après la floraison, se couvrent du mycélium du champignon et crèvent avant d'arriver à la moitié de leur volume normal. Tandis que s'accroît le tissu délicat et séveux de l'intérieur de la baie, l'épiderme taché de brun et desséché ne peut le suivre dans son développement; il se produit une fissure. Quand le temps est sec, la baie mûrit encore à peu près, mais l'endroit correspondant à la plaie reste dur; quand le temps est humide, la fissure se couvre de moisissures, premier indice de la putréfaction.

Heureusement de nombreuses observations font espérer qu'on finira par se rendre maître de la maladie causée par ce parasite.

Nous savons d'abord que les vignes atteintes peuvent se guérir l'année suivante, que par conséquent les organes de reproduction qui traversent l'hiver ne le passent pas sur la vigne.

Ensuite on a remarqué que les différentes variétés ne sont pas également attaquées par le champignon.

Pour l'attaquer directement, nous possédons aujourd'hui des armes efficaces, notamment le *soufrage,* qui consiste à saupoudrer de fleur de soufre les vignes malades, quand ces plantes sont couvertes de rosée, ou après les avoir préalablement mouillées, ou même à sec, ainsi que cela se pratique habituellement dans l'Hérault. On a construit de nombreux instruments destinés à soufrer plus vite qu'à la main; nous ne croyons pas devoir recommander des appareils coûteux, quand on peut arriver au même but par des procédés plus simples. L'instrument le plus usité était d'abord un soufflet portant à sa partie antérieure un réservoir pour la fleur de soufre. Mais depuis longtemps, on a trouvé plus simple et plus commode de supprimer ce réservoir antérieur. On fait aussi de gros pinceaux en fils de laine montés sur un fond de fer blanc percé de trous; le manche de ce pinceau est creux, et on y introduit la fleur de soufre, qui passe à travers les trous entre les fils de laine. En secouant ce pinceau au-dessus de la plante malade, on arrive à répandre la fleur de soufre d'une manière très-uniforme. Mais ce procédé ne peut servir que dans des jardins, même peu étendus. Un seul soufrage ne suffit pas ordinairement; néanmoins il produit déjà des effets très-visibles; il est bon de soufrer une fois immédiatement avant la floraison, puis une seconde fois immédiatement après, et enfin une troisième fois dans le courant du mois d'août. On attribue l'effet du soufrage à une combustion lente avec production d'acide sulfureux.

Au lieu de soufre pur, on a également recommandé un mélange de soufre et de chaux. On éteint 1 kilo de chaux vive dans 5 kilos d'eau, et on y ajoute 3 kilos de soufre; on fait bouillir le tout jusqu'à ce que le soufre soit bien incorporé au liquide; on étend celui-ci de 100 litres d'eau, et on en asperge les feuilles et les grappes; on dit qu'au bout de trois jours il n'y a plus de trace de champignon. Mais ce procédé est resté plus théorique que pratique.

On s'est également servi d'une terre très-sulfureuse venant de Sicile (*minerale greggio*), qui renferme 40 p. 100 de soufre, 2 p. 100 d'alcalis, 11,8 p. 100 de carbonate de chaux, 4,2 de magnésie, 36 p. 100 de gypse, plus du fer, de l'argile et des traces d'arsenic.

On pourrait appliquer aussi le remède recommandé par M. Bouché, et qui consiste dans des lavages à la lessive de cendres de bois.

On n'a pas remarqué de différence considérable entre l'efficacité du soufre en canons pilé et celle de la fleur de soufre; cependant le premier adhère mieux aux plantes. La colle guérit aussi la vigne, mais en nuisant au développement du raisin; il en est de même d'une solution de cachou, qui toutefois arrête encore plus ce développement. L'acide phénique très-dilué reste sans action; concentré (1 p.100), il tue les raisins.

On trouvera dans le Bulletin de la Société centrale d'horticulture de France (t. VI, avril 1872, p. 202) l'historique très-intéressant de la découverte de l'emploi du soufre pour le traitement des vignes attaquées par l'*Erysiphe Tuckeri*. M. Duchartre y fait connaître les nombreuses expériences qui, en Angleterre, puis en France, ont conduit à préconiser sciemment ce très-utile procédé. On y verra que les expérimentateurs auxquels on est redevable de cette heureuse découverte, sont avec la date même de la publication des résultats de leurs expériences : MM. Kyle (1848), Duchartre (1850), Gontier (1851-1855) et Marès (1854).

Quant à l'*Erysiphe* du rosier, on le combat au moyen d'un assez grand nombre de remèdes semblables reposant presque tous sur l'action du soufre, savoir : l'eau sulfurée, le soufre précipité, une solution d'une partie de sulfure de potassium dans 100 parties d'eau, une solution d'une partie de savon noir dans 50 parties d'eau, la fleur de soufre, l'hyposulfite de soude dissous dans l'eau, une solution d'un demi-kilo de colle forte dans cinq ou six arrosoirs d'eau, la vapeur de soufre.

Certaines variétés de rosiers sont plus exposées que d'autres, par exemple le *Général Jacqueminot*, le *Géant des batailles*, etc.

b. SPHÆRIACÉES.

Les Sphæriacées se rapprochent beaucoup des Érysiphés ; mais tandis que chez ceux-ci le périthèce se déchire pour disséminer les spores, les Sphæriacées ont à leur périthèce un ostiole normalement développé, pour expulser les spores. En outre, les formes des Sphæriacées sont plus complexes; car nous y trouvons, outre les conidies, d'autres organes de fructification, par exemple les pycnides qui précèdent les périthèces, et qui sont des conceptacles générateurs des stylospores. Presque toujours il y a aussi des spermogonies avec des spermaties. Si pour beaucoup de Sphæriacées on n'a pas trouvé tout le cycle complet des organes de fructification, on peut cependant admettre par analogie qu'il ressemble à celui des autres espèces.

I. Taches brun-rouge des Feuilles du Fraisier (*Stigmatea Fragariæ* Tul.; *Sphæria Fragariæ* Fuck.) — On reconnait facilement à l'œil nu les taches rondes (voir fig. K, *t*, parmi les planches en couleur) brun-rouge, isolées ou confluentes qui apparaissent à la face supérieure des feuilles du fraisier. Au milieu les taches ont environ 3 à 5 millimètres de diamètre; elles sont sèches et pâles; le tissu y est épuisé et privé de suc. Peu à peu, l'épiderme également desséché se soulève, et l'interstice se remplit d'air; la tache apparaît alors blanche, avec un cercle rouge. La coloration rouge est due au contenu coloré des cellules, qui n'ont pas encore été épuisées par le champignon. A l'intérieur de la feuille, on trouve les filaments minces, pâles, rarement un peu colorés du mycélium. Celui-ci envoie vers la surface de la feuille une multitude de basides réunies en faisceaux linéaires, pâles, et qui portent à leurs extrémités des conidies isolées ou des files de conidies réfléchies.

On ne connaît pas de remède contre cette maladie.

Un fait mérite cependant d'être mentionné ; en 1865, des fraisiers soumis à une culture forcée à Schœnhausen, près de Berlin, et venus dans un sol très-riche, tombèrent malades ; la maladie disparut quand on les transplanta dans la terre meuble d'un jardin.

En général, la maladie apparaît plus fréquemment dans un sol argileux que dans un sol sableux, et il faudra, pour l'éviter, cultiver le fraisier dans un sol nourrissant, mais très-meuble.

II. Taches jaunes des Feuilles du Mûrier (*Sphæria Mori* Nke.). — On reconnaît facilement cette maladie aux taches jaunes qui se montrent sur la face supérieure des feuilles du mûrier au mois de juillet. Ces taches s'étendent de plus en plus, attaquent les fines nervures et ne s'arrêtent qu'à la grosse côte médiane. D'après Mohl, les feuilles malades ne sont pas nuisibles aux vers à soie, parce qu'ils ne mangent pas les places sèches ; mais l'arbre lui-même a beaucoup à souffrir. A l'endroit des taches, le tissu des feuilles est légèrement affaissé et entouré d'un bourrelet de tissu sain. L'épiderme des places malades paraît un peu bosselé par la saillie des cellules à cystolithes, c'est-à-dire à concrétions minérales. Le latex se coagule et brunit. Le champignon fait irruption au milieu de la tache brune, sous forme d'une petite pustule, suivie de plusieurs autres disposées en cercle. Plus l'air est humide, plus il s'en forme, et dans les cas intenses, elles apparaissent aussi à la face inférieure.

On ne connaît pas de remède à cette maladie, quoiqu'elle sévisse depuis plus de quarante ans.

Tous les *Sphæria* voisins du *Sphæria Mori* sont très-petits et à peine reconnaissables à l'œil nu (*Sphærella*). Nous ne mentionnerons que le *Sphærella sentina* Fckl., dont les spermogonies (*Depazea pyrina* Riess., *Septoria nigerrima* Fckl.) produisent souvent tant de taches blanches sur les feuilles du poirier, que celles-ci en paraissent grises et doivent souffrir beaucoup.

III. Suie du Houblon ou Fumagine (*Fumago salicina* Tul.). — La plupart des enduits noirs sur des parties de plantes mortes ou vivantes sont formés par des *Pleospora* ou des *Fumago*. On croit d'abord avoir affaire à un enduit de suie durci ; mais l'examen minutieux montre que cette croûte est composée d'organes divers de champignons.

Les individus du genre *Pleospora* recouvrent de préférence les parties des plantes qui approchent de la maturité ou qui sont déjà mortes. Le genre *Fumago*, dont il n'existe qu'un petit nombre d'espèces, est plus dangereux; il forme sur les feuilles en pleine végétation des croûtes noires, tenaces, qui ont pour premier effet de soustraire la surface de la feuille à l'action de la lumière, et de gêner beaucoup la respiration en bouchant les stomates.

C'est la suie du houblon (*Fumago salicina* Tul.) qui entraîne les suites les plus funestes.

Vers le mois de juillet, les feuilles de houblon paraissent maculées de suie (voir fig. L, parmi les planches en couleur); cet enduit devient de plus en plus épais et finit par se détacher en morceaux; le tissu sous-jacent apparaît alors jaune et desséché, et la feuille ne travaille plus. La suie est souvent précédée de pucerons et de coccinelles, leurs ennemis. Par cette circonstance, les praticiens ont été conduits à admettre une connexion entre les pucerons et la suie; et en effet, le liquide excrété par ces aphidiens doit être un substratum excellent pour le développement du mycélium.

Dans les premiers états de son développement, le champignon échappe fréquemment à l'observation, parce qu'il ne forme qu'une couche blanchâtre, diaphane, très-mince et très-fortement appliquée sur la feuille.

Plus tard cette couche s'épaissit, et en automne elle forme une croûte épaisse, noire, lisse en dessous, raboteuse en dessus, qu'on peut détacher facilement, et qui porte les différentes formes de fructification. Les réceptacles fructifères ont les parois épaisses, noir verdâtre, et souvent prolongées en de longs boyaux.

Outre les circonstances que nous avons citées plus haut, la situation encaissée et le temps humide doivent favoriser le développement de la maladie. Il faut donc planter le houblon dans des endroits bien aérés. Quand le champignon est une fois répandu, on ne connaît pas de remède pour le détruire; même les aspersions réitérées à l'eau de chaux sont restées sans effet.

Le *Fumago* sera d'autant plus difficile à détruire, qu'il vit sur un grand nombre d'autres végétaux tels que le tilleul, l'orme, le peuplier, le bouleau, le saule, le chêne, le prunier, le coignassier, l'aubépine, le pommier, et presque tous nos arbres, et en particulier, dans le midi de la France et en Algérie, sur l'oranger, le citronnier et l'olivier[1].

IV. Pléosporées. — Le genre *Pleospora* renferme

1 Voir, pour plus de détails, les observations consignées dans le Bulletin de la Société botanique de France (t. XIV, p. 12, 1867), par MM. Rivière et Roze, et dans celui de la la Société centrale d'horticulture de France (t. XI, p. 316' 1877) par M. Maurice Girard.

un grand nombre d'espèces vivant sur des plantes très-différentes. Le mycélium du *Pleospora* ne se borne pas, comme celui du *Fumago*, à ramper à la surface de l'épiderme ; mais il pénètre quelquefois à l'intérieur des tissus et y cause une coloration brune. Quelques espèces n'attaquent de cette manière que les parties mortes ; d'autres, au contraire, sont de vrais parasites et nuisent à la plante qu'elles habitent.

1. **Noir du Colza** (*Pleospora Napi* Fuck.). — On aperçoit d'abord de petits points, ou de petites lignes noires, qui augmentent rapidement de grandeur ; ils sont surtout très-visibles sur les siliques du colza, à la face qui regarde le soleil. Au début, le tissu qui entoure les taches est d'un vert gai ; plus tard sa couleur brunit, et il se ratatine de manière que la silique s'ouvre par la plus légère pression.

Le *Pleospora*, autour de ces taches, reste vivant sous la neige, sur les feuilles du colza, de la navette et du raifort. Quand on voit sur ces feuilles de petites taches rondes et brunes, on est presque sûr d'y trouver le *Pleospora*. Les fructifications mûres ne se forment qu'au printemps sur les tiges sèches.

Dans cette maladie, comme dans plusieurs des précédentes, il n'est pas possible d'attaquer le champignon directement. D'un côté, il est difficile d'atteindre le mycélium qui végète à l'intérieur de la plante ; et d'un autre côté, il se maintient et se reproduit sur des plantes sauvages, parmi lesquelles il faut citer surtout le *Diplotaxis tenuifolia* DC.

Nous sommes alors réduits à élever des plantes aussi fortes et aussi normales que possible, puis à récolter le colza et la navette quand ils ne sont pas encore tout à fait mûrs, et que nous voyons le *Pleospora* commencer ses dévastations.

D'après M. Kühn, la graine ne perd ni en huile ni en vitalité quand on récolte avant la maturité parfaite et qu'on met alors les plantes en tas. Dans cette opération, il faut que les inflorescences se trouvent à l'intérieur des tas, qu'on couvre ensuite de paille; mais il faut que l'air puisse circuler dans les tas, et que les plantes soient seulement à l'abri du soleil et des pluies.

2. **Noir de la Carotte.** (*Sporidesmium exitiosum var. Dauci* Kühn). — Ce champignon n'est qu'une variété du précédent; il cause une maladie des carottes. D'abord on y découvre des taches noires sur les feuilles extérieures, et plus tard sur les feuilles intérieures. La racine est souvent malade en même temps et se couvre de noir. Les filaments mycéliens d'abord incolores pénètrent dans le tissu, et lui donnent provisoirement une consistance plus dure; mais bientôt il y a pourriture. Les champs humides sont les plus exposés à cette maladie, et on peut re-

commander le drainage comme remède préventif.

3. **Suie des Betteraves** (*Helminthosporium rhizoctonon* Rabh.). — Cette maladie de la betterave est très-voisine de la précédente; elle atteint surtout la racine, souvent aussi les feuilles. Dans les terres humides non drainées, et surtout au printemps après des fumures fraîches, on voit apparaître aux extrémités des fines radicelles quelques taches lisses et brunes, qui recouvrent peu à peu toute la racine; en même temps celle-ci pourrit. Les taches sont formées par l'*Helminthosporium rhizoctonon*, dont les filaments s'enchevêtrent sur l'épiderme. Une partie du mycélium pénètre dans la racine et y provoque la pourriture. Le drainage est sans doute le meilleur palliatif.

4. **Suie des Bruyères** (*Stemphylium ericoctonum* A. Br.). — Cette maladie attaque en hiver les bruyères de nos serres; les plantes se fanent, les jeunes pousses sont tachetées de jaune et de rouge, les vieilles se dessèchent et brunissent. Quand on secoue les plantes, toutes les feuilles tombent, sauf les plus jeunes. La cause de cette maladie est la végétation d'un *Stemphylium*, dont les filaments épais de 3 millimètres se réunissent pour former sur l'épiderme des taches difficilement visibles à l'œil nu, ou pour former des cordes entre les poils des feuilles.

Quand l'air de la serre est humide et stagnant,

comme cela arrive souvent en hiver, le champignon se développe vite, et se multiplie très-rapidement par ses conidies.

Heureusement on possède le moyen d'enrayer les progrès du mal. Pendant les hivers couverts et chauds, on tiendra les bruyères aussi sèches que possible, de sorte qu'elles se fanent quand le soleil les frappera subitement; mais alors il faudra les abriter. Enfin on aérera autant que la température le permettra.

On peut se convaincre facilement que les *Erica* supportent bien, pendant un court espace de temps, une température inférieure à zéro. L'humidité leur est au contraire très-nuisible pendant la période du repos.

S'il n'était pas possible d'assécher l'air humide de la serre par la simple aération, il faudrait chauffer d'abord, et aérer ensuite. Quand on chauffe la serre fermée, les Erica poussent, ce qui augmente le mal.

5. **Maladie noire des Jacinthes** (*Pleospora Hyacinthi*). — Les recherches sur cette maladie, si funeste aux jacinthes que des champs entiers peuvent en périr, ne sont pas encore terminées, mais elles font pressentir qu'on a affaire à un *Pleospora*. Sur l'oignon sec, la face externe de l'écaille montre des taches arrondies ou linéaires, noires, saillantes, qui restent le plus souvent isolées, mais qui deviennent

parfois confluentes. Dans les années où la maladie a été épidémique, on trouve des oignons couverts de larges croûtes, composées d'hyphas étroitement collés ensemble et dont les articles sont courts, relativement à leur largeur; les parois des filaments extérieurs sont brunes, celles des intérieurs sont incolores; les croûtes ne sont autre chose qu'une forme perennante du mycélium.

Tant que la maladie persiste dans l'état que nous venons de décrire, elle constitue la *maladie cutanée des oignons*, qui ne devient très-grave que lorsque ceux-ci sont maintenus dans un milieu humide, et surtout quand on les cultive pendant longtemps dans l'eau. Il se développe alors une forme aquatique du mycélium: les cellules s'allongent, leurs parois deviennent plus minces et leur contenu plus aqueux; leur protoplasma prend un aspect écumeux; les rameaux destinés dans les conditions ordinaires à engendrer des conidies, se renflent et se ramifient à la manière des Opuntia. Enfin le mycélium, qui est si peu développé sur les oignons secs, constitue une masse mucilagineuse, blanchâtre, qui s'étend au loin dans le sol ou dans l'eau, et peut transmettre la maladie aux oignons voisins.

Concurremment avec la maladie précédente, connue aussi sous le nom de *morve noire*, on en voit souvent une autre appelée *morve blanche*, et qui est due à une Nectriée, probablement à un *Hypomyces*. L'oignon se transforme en une masse gluante, jaunâtre, fétide, dans laquelle se forment des périthèces rouges en forme de poires, avec un col jaune, allongé et recourbé. De ces deux maladies se distingue très-nettement une troisième dans laquelle il ne se développe aucune matière gluante; les écailles sont attaquées de haut en bas; il s'y produit un *Penicillium*, et elles sèchent. La cause de cette maladie est inconnue.

Une autre forme qui appartient à un *Pleospora*, et qui porte provisoirement le nom de *Sporidesmium putrefaciens*, produit la pourriture du cœur des betteraves; cette maladie peut s'étendre tellement, qu'en septembre toutes les feuilles soient enduites de noir.

Des quarante-deux autres espèces de *Pleospora* que cite M. Fuckel, le *Pleospora Pisi* présente seul quelque intérêt, parce qu'il produit la suie des pois. Ce champignon apparaît dans les années humides, non-seulement sur les tiges sèches des pois, mais aussi sur les gousses en voie de maturation, surtout sur les plantes couchées.

V. Dilophospora Graminis Fuck. — Ce champignon se rencontre en France sur le seigle; en Allemagne on ne l'a encore vu que sur des Graminées sauvages, mais en Angleterre il vient sur le blé. Sa découverte date de 1829. Décrit alors par Fries sous le nom de *Sphæria Alopecuri*, il avait été trouvé dans l'ouest de la France sur l'*Alopecurus agrestis*.

Desmazières l'a fait connaître avec plus de détails en 1840. (*Ann. d. sc. nat.*, 2e sér. XIV.)

En 1861, M. Fuckel l'a décrit sous le nom de *Dilophospora Holci*; il l'avait trouvé sur les graines de l'*Holcus lanatus*. En octobre 1862, M. Berkeley vit le champignon sur les épis d'un champ de blé près de Southampton ; un quart des épis n'avait pas donné de grains, et les meilleurs n'avaient que deux à trois grains mal développés; peu de glumes étaient bien constituées; les hampes et quelquefois les glumes étaient transformées en une masse blanche, charnue, dans laquelle il y avait des points noirs, luisants, bordés de blanc. Le cycle complet que parcourt le développement de ce champignon n'a été décrit qu'en 1870-1871 par M. Fuckel.

Le seul remède convenable consiste à enlever soigneusement au début de la maladie toutes les plantes malades.

VI. **Byssothecium** Fuck; **Rhizoctonia** DC. Tul. — Jusqu'à ce jour, on a désigné sous le nom de *Rhizoctonia* un mycélium de structure caractéristique, qui détruit les organes souterrains de plusieurs plantes cultivées. On a récemment observé les développements que subit ce mycélium sur la luzerne, et on a reconnu qu'on avait affaire à un genre voisin des Pleospora.

Il serait imprudent d'admettre par analogie que tous les mycéliums réunis sous le nom de *Rhizoctonia* appartiennent au même genre ; il est préférable de conserver le nom de *Rhizoctonia* pour les espèces dont on ne connaît que le mycélium.

Le mycélium du *Rhizoctonia* consiste en filaments longs, ramifiés, cloisonnés et d'épaisseur variable. Tantôt sous la forme de couches épaisses, ces filaments couvrent et tuent les parties souterraines des plantes. Tantôt sous la forme de masses arrondies ou allongées, épaisses et solides, ils constituent un mycélium perennant. Sur la première de ces formes de mycélium, on voit souvent de petites masses charnues, qui se distinguent de celui-ci par leur couleur. A cause de leur ressemblance avec les périthèces des Sphæriacées, on leur a donné le nom de *périthèces* ou de *péridioles*. Les filaments qui composent ces périthèces sont courts, serrés les uns contre les autres, plus épais et plus foncés à la périphérie, pâles et translucides à l'intérieur. Sur le *Rhizoctonia* de la luzerne on a reconnu que ces périthèces méritent bien leur nom et contiennent des asques. Sur le même *Rhizoctonia* on a trouvé aussi des pycnides.

C'est surtout pour le safran que le *Rhizoctonia*

est pernicieux. La luzerne, le trèfle et l'*Ononis spinosa* sont aussi attaqués par un *Rhizoctonia*, qui, d'après MM. Tulasne, serait le même que celui du safran. On dit que le même parasite vit également sur l'asperge, la garance et l'oranger.

1. **Mort du Safran** (*Rhizoctonia violacea* Tul.). — Ce parasite se montre sur le safran, vers la fin du printemps et dans le courant de l'été. A la face interne des tuniques du bulbe, on trouve d'abord de petites pelotes de filaments blancs, logées entre ces tuniques et la masse vivante du bulbe, en face des stomates de ce dernier.

Bientôt de nombreux filaments partent en rayonnant de ces glomérules, et ne tardent pas à former une mince enveloppe sur toute l'écaille. A la place des glomérules mêmes naissent alors de petites verrues noires, charnues, coniques, qui se colorent en violet foncé, ainsi que tout l'endroit feutré de la tunique. Ces petites verrues, semblables à des périthèces de Sphæriacées, s'accroissent à leur sommet, et pénètrent avec leur pointe dans la dépression au fond de laquelle se trouve le stomate. Il est probable que les fonctions de celui-ci sont alors complétement impossibles.

Le mycélium, doué d'un accroissement très-rapide, traverse promptement l'écaille, et s'avance de plus en plus vers l'extérieur, jusqu'à ce que toutes les écailles soient réunies en une seule enveloppe, sur laquelle on voit un vigoureux mycélium violet. Les filaments qui se montrent à la surface ont un diamètre moyen de 0mm,0065. Tantôt ils forment une membrane unie, qui enveloppe tout l'oignon; tantôt ils forment de distance en distance des agglomérations tuberculeuses, c'est-à-dire des sclérotes allongés ou arrondis. D'autres filaments pénètrent dans le sol, agglomèrent entre eux les grains de terre, et arrivent ainsi jusqu'aux bulbes sains. Partout les filaments sont d'abord blanchâtres, puis ils prennent une couleur de rouille, et enfin deviennent violets. Les sclérotes ont une consistance feutrée; ils sont plus foncés au milieu qu'à la surface. Quand ils se forment, on voit apparaître à leur surface, des gouttelettes aqueuses d'un blanc sale.

La destruction du bulbe de *Crocus* par suite de la végétation du champignon, avance assez vite; aux endroits où les stomates sont bouchés, les cellules se séparent peu à peu et forment une masse blanchâtre, presque homogène, pâteuse, qui s'étend de la périphérie au centre, et cela d'autant plus vite que le temps est plus humide. Finalement il n'en reste plus qu'un noyau jaunâtre composé des éléments des faisceaux fibro-vasculaires, et entouré des enveloppes fibreuses des tuniques traversées par le champignon. Au début de la maladie, il est possible de guérir le bulbe, en enlevant soigneusement les parties malades. Quand le *Rhizoctonia violacea* s'établit dans un champ, il y occasionne des vides circulaires : aussi convient-il alors d'y renoncer à la culture du safran. Duhamel dit qu'au bout de vingt ans on ne peut encore utiliser pour cette culture un champ envahi par le *Rhizoctonia violacea*.

Une autre maladie du safran a reçu le nom de *Tacon*. Elle se manifeste par l'apparition de taches brunes sur le bulbe, taches qui deviennent confluentes, et finissent par couvrir toute la surface de l'oignon; celui-ci se transforme en une masse terreuse noire. On peut transporter cette maladie sur d'autres bulbes. Elle a été étudiée par Montagne[1], et elle est due sans doute à un Fumago (*Capnodium* Mntge.).

2. **Mort de la Luzerne** (*Byssothecium circinans* Fuckl.). — Les champs de luzerne envahis par ce parasite présentent les mêmes vides circulaires que les champs de safran infestés par le *Rhizoctonia violacea*.

Vers la fin de juin ou le commencement de juillet, une partie des plantes jaunit et se fane ; les feuilles sèchent sur les tiges, et celles-ci se décolorent.

Leur racines sont alors entourées d'un tissu dense,

[1] *Mémoires de la Société de Biologie*, t. I, 1849.

violet, qui est le mycélium du *Byssothecium circinans*. Ce mycélium se développe surtout là où l'écorce de la racine est bien charnue ; les fines radicelles ne sont attaquées que plus tard, et continuent de croître pendant quelque temps. Sur le parenchyme cortical des racines malades, on trouve les mêmes verrues miliaires et coniques que nous avons décrites dans le Crocus, et qui sont ici des pycnides. En les coupant, on voit qu'elles ont une couche corticale dense et noire, et une cavité centrale dans laquelle se terminent des filaments mous, bruns, sortis de cette couche.

Les périthèces ne se trouvent qu'en automne, sur les racines pourries de la luzerne. L'écorce ramollie se détache d'abord du bois, qui est marqué de macules noires et roses, et la putréfaction devient ensuite complète.

Plus la terre est humide et plus cette maladie fait des progrès rapides ; cependant les terrains secs ne sont nullement à l'abri de ses ravages. Les efforts utiles qu'on peut diriger contre le *Rhizoctonia* se réduisent à l'isoler dans les places envahies par lui ; on les circonscrira par des fossés profonds, qu'on entretiendra dans un état de propreté minutieuse. Cet isolement empêchera l'extension du *Rhizoctonia*.

Ce parasite attaque également les carottes et d'autres Ombellifères, les betteraves, et même la pomme de terre, dont alors les racines se décomposent complétement jusqu'à la tige.

La pomme de terre a encore à souffrir d'un autre Rhizoctonia qui produit la

3. **Variole de la Pomme de Terre** (*Rhizoctonia Solani* Kühn). — Les tubercules atteints de ce parasite sont couverts de pustules blanches, puis brunes, et grosses comme une tête d'épingle. Ces pustules sont isolées, ou réunies en groupes; elles se détachent facilement; leur structure est celle d'un mycélium perennant, d'où partent quelques filaments courant à la surface des pommes de terre. Quand celles-ci sont destinées à la distillerie ou à la nourriture des bestiaux, les pustules n'ont aucun inconvénient; il n'en est pas de même quand il s'agit de pommes de terre de table; leur valeur diminue alors considérablement.

On a conseillé d'employer les pommes de terre varioleuses comme compost, et de les porter dans les prairies; mais M. Tulasne dit que le trèfle rouge n'est pas à l'abri du *Rhizoctonia*, et qu'on risque par conséquent de répandre la maladie.

On cite encore trois autres *Rhizoctonia* très-imparfaitement connus :

Le *Rh. Allii* Grév., qui détruit les échalottes (*Allium ascalonicum*).

Le *Rh. Batatas* Fr., qui se trouve sur les racines

de l'*Ipomœa Batatas* dans l'Amérique du Nord.

Le *Rh. Mali* DC., qui étend ses filaments autour des racines des jeunes pommiers.

4. **Rhizoctonia quercina** Robert Hartig.— Dans les pépinières de chêne, les jeunes plants meurent souvent par places, pendant l'été qui suit leur germination, sans qu'au premier abord on découvre la cause de cette mort. Mais un examen plus approfondi fait reconnaître sur la partie souterraine de la tige ou sur les racines, un parasite qui va de plant en plant et les tue. C'est un *Rhizoctonia* voisin de celui qui attaque le safran. Robert Hartig, qui l'a découvert, l'a appelé *Rhizoctonia quercina*. On le reconnaît à des granules nombreux, petits et noirs, qui saillent sur l'écorce des racines et de la partie souterraine de la tige. De ces granules sortent de fins cordons mycéliens qui envahissent les plants voisins. Robert Hartig conseille d'arrêter l'extension de ce parasite en isolant par des fossés circulaires les parcelles malades.

VII. Ergot du Seigle (*Claviceps purpurea* Tul.). — a. *Sclerotium*. — On désigne sous le nom d'*Ergots du seigle*, des corps qui se présentent à la place du grain dans l'épi, et qui sont allongés, un peu courbés, anguleux, sillonnés, d'un gris violacé, et composés de filaments mycéliens intimement unis en un corps de structure parenchymateuse. L'Ergot a été considéré pendant longtemps comme un grain dégénéré, même après que le microscope fût venu nous révéler que la structure de l'Ergot est absolument différente de celle du grain.

Depuis longtemps on a découvert un nombre considérable de corpuscules de cette nature sur différentes plantes, et on a réuni dans le genre *Sclerotium* toutes ces masses solides, dures, revêtues d'une écorce et qui ne s'ouvrent pas. Persoon en indiquait déjà seize espèces en 1801. Léveillé en compte une centaine.

En 1841, Meyen montra que c'est le *Sphacelia Segetum* Lév. qui engendre l'Ergot; il considérait le *Sphacelia* comme le mycélium du *Sclerotium*.

Mais c'est M. Tulasne qui réussit à éclaircir complétement cette question. En 1852, il sema sur de la terre humide l'Ergot du seigle, et il en vit sortir, sous forme de petites têtes pédiculées rouges, des champignons qui étaient connus sous le nom de *Sphæria purpurea*. Il montra que ce champignon n'était pas un parasite de l'Ergot, mais sa fructification directe.

On sait aujourd'hui que tous les *Sclerotium*, désignés non plus sous ce nom générique, mais sous le terme organographique de *Sclérotes*, sont des magasins pour les matériaux de réserve de champignons qui doivent traverser une période de repos;

que par conséquent ils correspondent aux tubercules des plantes phanérogames, et qu'on peut aussi peu les séparer d'une forme plus parfaite du champignon qu'on ne peut séparer le tubercule de la plante qui lui donne naissance.

Fig. 39. — Épi de Seigle atteint par le *Claviceps purpurea*, et produisant des Ergots *sc* surmontés d'une coiffe *m*.

b. *État parfait.* — Voici les différentes phases du développement du *Claviceps purpurea* sur le seigle. Les premiers états du champignon qui doit former plus tard l'Ergot (fig. 39 *sc*), échappent à l'œil non exercé. Extérieurement l'ovaire malade ne diffère en rien de l'ovaire sain, alors que tout est détruit à l'intérieur, et remplacé par le tissu blanc jaunâtre du champignon.

Plus tard se montre à la base de la fleur un liquide filant d'un goût fade, douçâtre, et que l'on croirait un produit de la décomposition des filaments du champignon. Il imbibe les glumelles et finit par filtrer au dehors : c'est un *miellat*. Il y a longtemps que les praticiens disaient que plus le miellat est abondant et plus il y a d'Ergots. Au microscope, on reconnaît dans ce liquide un très-grand nombre de spores ovales, coniformes, susceptibles de germination immédiate. Leur rôle est très-redoutable, car il consiste à reproduire le parasite dans toutes les fleurs de seigle, sur les stigmates desquelles ces spores peuvent germer.

Puis, à la base de la fleur, des filaments se réunissent de bas en haut, en un corps d'une consistance uniforme, solide, dense, et à travers la surface duquel le contenu apparaît teinté en rouge-violet. C'est ainsi que se forme l'Ergot (fig. 39 *sc*), au sommet duquel on trouve une petite coiffe (fig. 39 *m*), qui renferme quelquefois les étamines et le stigmate desséchés de la fleur du seigle.

Le temps que met le champignon pour arriver à l'état de Sclérote, dépend des circonstances atmosphériques ; quand il fait sec, on ne trouve l'Ergot que quinze jours après le miellat ; mais quand il fait humide, on le trouve déjà au bout de six jours.

Le temps de repos qu'exige le Sclérote pour produire les organes de fructification, dépend également de la température ; il est en moyenne de trois mois. Après ce repos, l'écorce du Sclérote éclate par endroits et laisse sortir de très-petits corps arrondis, denses, violacés, qui augmentent peu à peu, et dont la surface se couvre souvent de gouttelettes d'un liquide clair. Ces petits corps se soulèvent bientôt par l'allongement de leurs pédicules, prennent une teinte pourprée (voir fig. M, parmi les planches en couleur), et l'Ergot lui-même est peu à peu épuisé. Dans ces petites têtes de *Claviceps* sont creusés les périthèces, qui produisent des asques contenant chacun six à huit spores.

Le nombre des spores du *Claviceps* est incalculable; chaque périthèce en contient une infinité; chaque tête de *Claviceps* renferme un grand nombre de périthèces, et M. Kühn a vu sur le même Ergot jusqu'à trente-trois de ces petits capitules.

Les spores de ces *Claviceps*, semées sur de jeunes fleurs de Graminées, y reproduisent l'Ergot[1].

Il s'agit maintenant de trouver des remèdes contre cette maladie.

La macération des graines dans une solution de sulfate de cuivre, procédé qui a produit de bons résultats pour d'autres maladies, ne peut être efficace ici; c'est en effet la plante adulte et non la plante naissante, qui est infestée. On doit enlever soigneusement tous les Ergots; ce qui n'est pas difficile quand on moissonne d'assez bonne heure, avant qu'ils

[1] Voir les expériences sur l'Ergot de seigle que M. Roze a publiées dans le *Bulletin de la Société botanique de France*, 1870, t. XVII, p. 283.

soient tombés. Ils se laissent facilement séparer des grains sains. Il ne faut pas donner les Ergots aux bestiaux, ni les jeter dans les fosses à fumier pour qu'ils pourrissent; il faut les détruire par le feu. Ce remède n'est radical que lorsque, aux environs du champ contaminé, on coupe avant leur floraison les Graminées sauvages atteintes par le même *Claviceps purpurea*. On prévient ainsi la multiplication par les spores qui précéderaient le développement de l'Ergot chez ces Graminées.

VIII. Moisissure de la Phléole (*Epichloe typhina* Tul.). — Ce champignon ressemble aux *Claviceps* en ceci, que ses nombreuses capsules sont réunies en une seule masse, mais il s'en distingue par tous les autres caractères. La masse dans laquelle se trouvent ses périthèces n'est pas un capitule pédonculé, mais une masse plate qui recouvre le substratum. Ce sont les meilleures Graminées de nos prairies qui le nourrissent; mais la maladie qu'il cause ne prend de caractère épidémique que pour la phléole, l'*Holcus mollis* et l'*Anthoxanthum*. On remarque d'abord un enduit blanc grisâtre, puis jaune, qui recouvre les gaînes et quelquefois la face inférieure des feuilles des jeunes pousses stériles. Cet enduit se compose d'un mycélium feutré.

Chose étrange, ce champignon était connu depuis

longtemps, mais il n'avait jamais pris un développement inquiétant avant les observations de M. Kühn. Celui-ci recommande de faucher aussitôt qu'on voit l'enduit grisâtre caractéristique; la prairie peut ensuite servir de pâturage pour les moutons.

IX. Valsa Prunastri Fr. — La maladie causée par ce parasite est rare. Elle a pour caractère la mort de quelques rameaux sur les abricotiers et les pêchers atteints. Les feuilles de ces rameaux se fanent subitement et meurent ensuite. A la base des rameaux malades, on trouve alors le *Valsa Prunastri* avec sa forme à spermogonies, qui a été décrite par Fries, sous le nom de *Cytispora rubescens.*

Les périthèces ne se montrent qu'au printemps sur les rameaux secs. On ne les a encore trouvés que sur le *Prunus spinosa*; ce sont des masses dures, charbonneuses, lenticulaires, munies d'un bec allongé, et qui se trouvent sous l'écorce. Les becs des périthèces sont striés et divergents, ce qui donne souvent à leur ensemble l'aspect d'une étoile.

La section des rameaux au-dessous des parties malades suffit pour guérir cette maladie.

X. Taches orangées des Feuilles du Prunier (*Polystigma rubrum* Tul.). — Ici le mycélium se trouve complétement caché dans la plante; il y forme une couche dense, très-vivement colorée, dans laquelle les capsules sont tout à fait enfoncées. Le genre *Polystigma* n'a que peu d'espèces; la plus dangereuse est le *Polystigma rubrum*, qui habite les feuilles du prunier.

La feuille malade (voir fig. N, parmi les planches en couleur) est marquée de taches brillantes, orangées ou rouges, rondes ou elliptiques. A la face inférieure des taches on distingue des points plus brillants : ce sont les ostioles des conceptacles cachés dans le tissu de la feuille.

Les conditions atmosphériques exercent sans doute une influence notable sur le développement du champignon; car le même arbre souffre beaucoup plus dans une année que dans une autre. Lorsque le parasite vit en grande quantité sur un jeune arbre, il peut causer des dommages considérables, parce qu'il fai tomber les feuilles de bonne heure. Le seul remède consiste dans la destruction des foyers d'infection, c'est-à-dire des feuilles atteintes ou tuées par le *Polystigma rubrum;* mesure qu'il faut étendre aux prunelliers sauvages des environs, qui sont sujets à la même maladie. Il est inutile de ramasser ces feuilles là où l'on doit bêcher, par exemple dans les pépinières; il suffit d'y bêcher avant l'épanouissement des nouvelles feuilles, pour enterrer en temps utile les feuilles mortes qui renferment les spores du *Polystigma*.

Une autre espèce, le *Polystigma fulvum* Tul., qui vit sur les feuilles du *Prunus Padus*, n'a que peu d'importance.

XI. Carie noire des Pousses du Hêtre (*Quaternaria Personii* Tul.). — M. Willkomm trouva sur beaucoup de hêtres des pousses d'un an, peu développées, couvertes de *Cladosporium* et déjà mortes. A la base de ces rameaux, l'écorce était noire, couverte de points blancs, et déjà détruite intérieurement; le bois et la moelle étaient desséchés. Par ci par là, surtout au sommet de ces rameaux secs, on voyait des protubérances lenticulaires, d'où partaient quelquefois des touffes blanches et filamenteuses. Sur des rameaux plus âgés se trouvaient des plaies cicatrisées, avec des bourrelets sains. Les points blancs étaient formés par de nombreuses spores cloisonnées (ancien *Fusisporium candidum* de Link), que produisait un mycélium végétant à l'intérieur des rameaux. L'écorce et le bois, surtout les rayons médullaires, étaient traversés par des fentes tangentielles et radiales. Dans les rameaux de deux ans, le bois malade est tacheté de noir. Le parenchyme de l'écorce primaire et du liber est couvert d'une masse jaune rougeâtre ou brune, grenue ou filamenteuse, qui pénètre également le cambium.

Les protubérances lenticulaires sont des spermogonies remplies d'un mucilage gris verdâtre où sont empâtées des spermaties en forme de bâtonnets. Cette forme du *Quaternaria Personii* avait reçu de Desmazières le nom de *Libertella faginea.*

L'infection se produit au moment où les feuilles s'épanouissent. La carie noire attaque des arbres de tous les âges, mais surtout de 21 à 40 ans. Les hêtres étiolés en sont atteints plus que les autres. C'est, en somme, la forme hivernante du *Quaternaria Personii* qui transmet la maladie d'une année à l'autre. Une maladie analogue à la carie noire atteint en même temps les cotylédons et la tigelle des jeunes plants de hêtre.

B. *DISCOMYCÈTES.*

Dans cette famille, les asques sont librement insérés sur une couche hyméniale souvent ouverte en forme de coupe dès sa naissance; ils ne sont pas enfermés dans des capsules. La forme du disque qui porte les asques est très-variable; quelquefois c'est une couche plane comme dans l'*Exoascus;* le plus souvent l'hyménium repose sur un support en forme de capitule concave comme dans les Pézizes, ou convexe en forme de massue comme dans les Morilles et les Helvelles. De même que chez les Pyrénomycètes, on observe ici comme précurseurs des asques, les conidies, les spermaties et les stylospores.

Les Discomycètes les plus simples sont peut-être les espèces du genre *Exoascus*, qui produisent un soulèvement vésiculeux sur les feuilles des arbres fruitiers à noyaux, de quelques autres à pépins (poirier), et de quelques essences forestières (aulne et tremble). Les deux espèces les plus importantes sont les suivantes :

I. 1. **Lèpre du Prunier** (*Exoascus Pruni* Fuck., *Taphrina Pruni* Tul.). — Cette maladie, qui n'est inconnue à aucun horticulteur, se caractérise par le développement monstrueux du jeune fruit. Aussitôt après la floraison, il se transforme en une poche verte, comprimée latéralement, plus tard poudrée de blanc ou d'ocre (voir fig. O, *t*, parmi les planches en couleur), grande comme une prune normale ou même plus grande. Il ne faut pas confondre cette monstruosité avec une variété de prunes qui n'a de commun avec la lèpre que l'absence du noyau (*Kirke's stoneless*).

Jusqu'ici on a observé cette maladie sur la quetche et les fruits du *Prunus spinosa* et du *Prunus Padus*. Elle fait son apparition à la fin d'avril, ou au commencement de mai. Les poches peuvent atteindre la longueur d'un doigt ; elles sont tantôt comprimées comme une gousse, tantôt fusiformes et droites ou courbées. Elles se distinguent des fruits sains, par ce qu'elles ont une coloration pâle, jaunâtre, quelquefois rougeâtre, la surface irrégulièrement ridée ou tuberculeuse, et la peau lisse et luisante. Plus tard elles se couvrent d'un enduit extrêmement tendre, mat, blanc, puis jaune d'ocre; enfin toute leur surface devient tachetée de brun, et moisit, puis les poches tombent. Leur cavité interne est remplie d'air, et à leur paroi supérieure on remarque des ovules plus ou moins développés.

La cause de ces anomalies réside dans le développement du mycélium de l'*Exoascus Pruni*.

Le même arbre produit des poches pendant plusieurs années consécutives, et on peut en conclure que le mycélium passe l'hiver dans les jeunes rameaux; la destruction des poches ne suffit donc pas pour écarter la maladie, il faut enlever tout le jeune bois qui les porte.

2. **Cloque du Pêcher** (*Exoascus deformans* Berk., *Taphrina deformans* Tul.). — Ce champignon n'attaque pas les fruits, mais les feuilles. Il se trouve surtout sur le pêcher; il y produit la *cloque*[1]. Dans cette

[1] Voir les recherches publiées par M. Prillieux sur la cloque du pêcher. — *Bulletin de la Société botanique de France* (t. XIX, p. 227. 1872).

grave maladie, les feuilles sont frisées, boursouflées, et leur nervure médiane est sinueuse; mais on ne voit pas le champignon extérieurement. Le plus souvent il reste stérile à l'intérieur de la feuille, et celle-ci tombe déjà au commencement de l'été. Lorsqu'il se prépare à fructifier, la feuille devient plus épaisse et plus charnue. Les arbres qui ont souffert de la cloque pendant plusieurs années consécutives, périssent. La gomme vient s'ajouter souvent à celle-ci. Les jardiniers confondent cette cloque avec une autre boursouflure qui est due aux piqûres des pucerons, et qui est beaucoup moins dangereuse. La cloque produite par l'*Exoascus* est souvent aussi accompagnée de pucerons. Le seul remède applicable est l'ablation de tout le jeune bois. En même temps il faut ameublir le sol, l'arroser fréquemment, et le fumer avec des cendres ou un autre engrais riche en potasse, pour faire produire au pêcher de nouveaux rameaux.

Une autre espèce, l'*Exoascus bullata*, provoque la formation de vésicules sur les feuilles du poirier. L'*Exoascus Alni* de By. produit le même effet sur les feuilles de l'aulne. Ces deux maladies ont peu d'importance.

Dans ces dernières années, on a attiré l'attention sur une maladie des Conifères qui est causée par des Discomycètes du genre *Hysterium*. D'après M. R. Hartig, on en distingue deux espèces.

II. 1. **Hysterium (Hypoderma) macrosporum** R. Hrtg. — L'*Hypoderma macrosporum* produit, sur les aiguilles de l'épicéa, un brunissement voisin de la rouille qu'y développe le *Chrysomyxa Abietis*. Les forestiers confondent souvent ces deux maladies; elles sont pourtant d'une distinction facile. Le *Chrysomyxa Abietis* ne tue les aiguilles que sur les pousses

Fig. 40. — Aiguille d'Épicéa brunie par l'*Hypoderma macrosporum*, dont sont en *aa* les spermogonies mûres, et en *bb* les périthèces naissants.

Fig. 41. — Aiguille d'Épicéa brunie par l'*Hypoderma macrosporum*, dont les périthèces *b* sont mûrs, mais pas encore ouverts.

d'un an, jamais sur les pousses plus âgées, et colore les aiguilles en jaune clair ou jaune d'or; tandis que l'*Hypoderma macrosporum* tue les aiguilles, fort souvent sur les pousses de plus d'un an, et colore en brun ces aiguilles.

Tantôt deux mois après que les aiguilles ont bruni tout en restant fixées aux rameaux, tantôt seulement une demi-année après, on voit se former sur leurs faces inférieures les périthèces qui porteront les asques. On aperçoit d'abord des taches foncées, petites, un peu allongées (fig. 40 *b*), et qui peu à peu, s'unissant à leurs voisines, se transforment en raies noires (fig. 41 *b*), qui n'atteignent jamais la longueur des aiguilles.

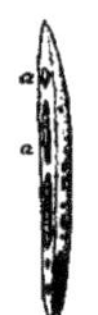

Fig. 42. — Aiguille d'Épicéa brunie par l'*Hypoderma macrosporum* dont les périthèces sont vides.

D'abord peu saillantes à la surface des aiguilles, ces raies ne deviennent proéminentes qu'à la fin de l'automne. Le plus souvent pendant les jours humides d'avril ou de mai, elles s'ouvrent par une fente unique, à bords tranchants. Profitant alors de cette déhiscence, l'hyménium blanchâtre dissémine ses spores. Les périthèces vides peuvent même à l'œil nu être distingués de ceux qui n'ont pas encore rompu leur couvercle, car les premiers laissent voir, même après la fermeture des périthèces, une fente mince au dos du bourrelet noir qui s'allonge sur l'aiguille (fig. 42 *a*).

Quand les périthèces sont mûrs, ils restent fermés jusqu'à ce que l'atmosphère soit humide assez longtemps pour humecter l'aiguille morte et gonfler les asques, ce qui produit la déhiscence de l'opercule.

Lors de cette ouverture du bourrelet longitudinal composé de nombreux périthèces alignés et soudés entre eux, l'hyménium blanchâtre apparaît, et dissémine les spores. Mais quand l'atmosphère redevient sèche, l'opercule se referme, lors même que la dissémination ne serait pas terminée. Pendant les années sèches, il peut même arriver que beaucoup de fruits ne s'ouvrent pas, et que les spores y meurent dans les asques. Après que les périthèces ont disséminé leurs spores, les aiguilles qui les portaient persistent encore quelques années sur les rameaux, jusqu'à ce qu'elles soient à peu près décomposées.

Des spermogonies (fig. 40 *a*) précèdent ordinairement les périthèces, sur les deux faces inférieures des aiguilles. Ces spermogonies restent incolores, ou prennent une teinte foncée après leur mort. Elles naissent comme les périthèces, par le déchirement des cellules épidermiques.

Les phénomènes morbides produits par l'*Hypoderma macrosporum* présentent, d'après R. Hartig, les trois cas suivants : la rouille de montagne, la rouille de Neustadt-Eberswald, et la chute des aiguilles de Neustadt-Eberswald.

1° *Rouille de montagne.* — Sur les montagnes, au mois de mai, avant l'épanouissement des jeunes pousses, on voit les aiguilles se décolorer en plus ou moins grand nombre, rarement toutes, et souvent seulement quelques-unes, sur les rameaux poussés depuis un an ou même deux. Cette décoloration commence ou au sommet ou à la base ou au milieu de l'aiguille, et peu à peu l'envahit entièrement. La couleur verte des aiguilles prend d'abord une teinte foncée et sale, qui passe insensiblement au brun-rouge.

En juillet naissent les spermogonies et les périthèces (fig. 40).

En octobre naissent les asques qui ne mûrissent que l'année suivante en avril. C'est dans ce mois d'avril ou dans le mois de mai que les asques disséminent leurs spores, lorsque, après un temps pluvieux ayant duré plusieurs jours, l'humidité a gonflé les aiguilles et produit la déhiscence des périthèces. En juin, les périthèces sont généralement vides; néanmoins les aiguilles qui les portent, persistent encore plusieurs années sur les épicéas.

Comme la maladie ne se borne pas aux aiguilles des pousses de l'année précédente, mais atteint encore celles de pousses plus âgées, il arrive en mai que sur quelques pousses de 3 ans, on trouve entre les aiguilles saines, simultanément des aiguilles qui commencent à être malades, d'autres portant des périthèces mûrs, et d'autres des périthèces vides.

Le plus ordinairement les aiguilles malades restent sur les pousses et y développent leurs périthèces et leurs spermogonies. Mais souvent en été une grande partie des aiguilles brunies tombent avant la formation des organes de reproduction.

2° *Rouille de Neustadt-Eberswald.* A Neustadt-Eberswald, la marche de la maladie est bien différente. Sur les pousses de l'année précédente, les aiguilles ne brunissent qu'en septembre ou octobre, ou même encore plus tard dans le cours de l'hiver, et leur chlorophylle n'est pas alors changée en amidon. Au mois de juin de l'année suivante, les périthèces naissent sur les aiguilles.

La maturité et la dissémination des spores ont lieu en avril ou mai de la troisième année de la maladie.

On voit un exemple de la Rouille de Neustadt-Eberswald dans la figure 43, qui représente une branche d'épicéa dépouillée de ses nouvelles pousses et des sommets de celles âgées de 2 ans. Cette branche ne contient plus alors qu'une pousse âgée de 3 ans et des parties de pousses âgées de 2 ans. Les aiguilles des nouvelles pousses, qui ont été retranchées, étaient vertes. Sur les pousses de 2 ans, une partie des aiguilles sont brun-rouge (fig. 43 *a*). Sur les pousses de 3 ans, les périthèces portés par les aiguilles (fig. 43 *b*) n'ont pas encore atteint leur maturité. D'ailleurs, sur ces pousses de 3 ans, il peut se trouver encore des aiguilles nouvellement malades (fig. 43 *c*).

3° *Chute des aiguilles de Neustadt-Eberswald.*

Dans les deux premiers cas, une partie seulement des aiguilles brunies tombent avant la formation des périthèces. Le troisième cas se distingue par la chute de toutes les aiguilles peu après leur brunissement; il a été observé sur les épicéas du Jardin forestier de Neustadt. Le brunissement des aiguilles com-

Fig. 43. — Face inférieure d'une branche d'Épicéa atteinte de la *Rouille de Neustadt-Eberswald* et vue en hiver; *a*, aiguilles brunies sur une pousse de deux ans; *c*, aiguilles nouvellement malades et brunies sur une pousse de trois ans; *b*, aiguilles de la même pousse avec périthèces réunis en lignes noires.

mence en août sur toutes les pousses; puis dans le courant de l'hiver, ou même dès la fin de l'automne, presque toutes les aiguilles malades tombent, en sorte qu'il en reste à peine quelques-unes sur les épicéas. C'est cette chute des aiguilles qui a fait donner à cette forme de la maladie le nom de *Nadelschütte*. Celle-ci est totale ou partielle, suivant que toutes les aiguilles ou une partie seulement périssent. Si la Nadelschütte est partielle, les aiguilles qui restent vertes montrent un grand nombre de petites taches brunes. Si la Nadelschütte est totale, il ne reste ordinairement sur les pousses que les aiguilles malades au sommet, et sur lesquelles un épanchement de résine a arrêté le développement des filaments mycéliens. Sur ces sommets malades des aiguilles, on voit déjà en automne se former les spermogonies et naître les périthèces. Ceux-ci sont assez isolés et ne se réunissent pas en un bourrelet longitudinal. En juin et juillet, leurs spores sont mûres et se disséminent. Si, chose observée à Neustadt, la Nadelschütte atteint un épicéa durant plusieurs années consécutives, sa vie peut être facilement compromise.

L'*Hypoderma macrosporum* attaque l'épicéa en montagne comme en plaine. Il semble se propager davantage sur les épicéas mélangés avec des hêtres. Les épicéas dominés paraissent alors les moins épargnés. Au contraire, dans les massifs d'épicéas sans mélange, ce parasite s'établit de préférence sur les arbres dominants, à croissance la plus rapide. Chez les épicéas âgés de plus d'une trentaine d'années, la partie supérieure de la tête est ordinairement épargnée, et l'*Hypoderma macrosporum* se multiplie surtout à la partie inférieure ou interne de la tête, à la faveur de l'humidité plus grande qui règne dans cette région de l'arbre.

Ce parasite se rencontre souvent avec le *Chryso-myxa Abietis*, sur le même épicéa ou dans le même massif. Les circonstances qui favorisent leur multiplication paraissent être les mêmes.

2. Hysterium (Hypoderma) nervisequium DC. — Le brunissement des aiguilles du sapin, suivi de leur chute prématurée, a été observé dans le jardin forestier de Neustadt, et sur les montagnes dans les sapinières mélangées de hêtre comme dans celles à l'état pur. Ce brunissement et cette exfoliation peuvent se développer de manière à donner un aspect très-maladif aux sapinières. Le parasite auquel on doit attribuer cette maladie, c'est l'*Hypoderma nervisequium*. Celui-ci a tant de ressemblance avec l'*Hypoderma macrosporum* qui attaque l'épicéa, que, pour éviter des redites, il suffira d'indiquer les particularités par lesquelles l'*Hypoderma nervisequium* se distingue du *macrosporum* décrit précédemment.

Quand les aiguilles brunies restent adhérentes aux branches, les périthèces se forment sur la face inférieure de la nervure médiane de chaque aiguille malade, et s'y réunissent en une ligne foncée, un peu ondulée et souvent interrompue par quelques lacunes (fig. 44 et 45). Sur les aiguilles tombées à terre peu après leur envahissement par le parasite, il se produit des périthèces, aussi bien à leur face supérieure qu'à leur face inférieure. Assez souvent ils sont encore groupés en lignes, mais le plus ordinairement ils sont alors disséminés.

A Neustadt, situé dans une plaine, la face supé-

Fig. 44. — Face inférieure d'un rameau de Sapin atteint par l'*Hypoderma nervisequium*.

rieure des aiguilles malades restées adhérentes aux rameaux, est presque toujours dépourvue d'organes de fructification; tandis que, à l'air humide des montagnes, elle donne naissance à de nombreuses spermogonies, qui, se réunissant en un ruban large et foncé, occupent le milieu de chaque aiguille envahie par le parasite (fig. 46). Ces spermogonies précèdent toujours la naissance des périthèces. A Neustadt, il ne se développe de spermogonies que sur les aiguilles tombées pendant l'été, aussitôt après leur brunissement. C'est sur la face inférieure des aiguilles ainsi gisant à terre que les spermogonies naissent de préférence. Alors celles-ci ne se réu-

Fig. 45. — Face inférieure d'une aiguille de Sapin atteinte par l'*Hypoderma nervisequium*.

Fig. 46. — Face supérieure d'une aiguille de Sapin atteinte en montagne par l'*Hypoderma nervisequium*.

nissent jamais et restent isolées comme les spermogonies sur les aiguilles de l'épicéa.

Les périthèces se développent comme ceux de l'*Hypoderma macrosporum*.

Les caractères de cette maladie en montagne diffèrent peu de ceux observés dans la plaine de Neustadt. La principale différence consiste en ce que, à la face supérieure des aiguilles persistant sur les rameaux des sapins en montagne, il y a une abondante production de spermogonies, ce qui n'a pas lieu à Neustadt.

En montagne c'est au mois de mai que les aiguilles brunissent souvent en grand nombre, sur les pousses de 2 à 5 ans. Beaucoup d'aiguilles, peut-être le plus grand nombre, tombent aussitôt après leur brunissement. Celles qui persistent montrent sur leur face supérieure, immédiatement après leur brunissement, les spermaties qui se disséminent déjà. Sur la face inférieure des mêmes aiguilles, on voit naître en juin les périthèces. Dans la même année, les asques ne se montrent guère, ils ne se développent qu'à la fin de l'hiver, et arrivent à maturité en avril et mai.

A Neustadt, le brunissement des aiguilles ne commence pas en mai, mais seulement en juillet; les périthèces naissent en août, et la maturité arrive en avril, mai ou juin de l'année suivante.

Aussitôt après leur brunissement, beaucoup d'aiguilles tombent, et il ne reste plus sur les rameaux qu'une médiocre quantité d'aiguilles malades.

Les aiguilles deviennent malades non-seulement sur les pousses de 3 ans, mais aussi sur celles de 4, 5 et 6 ans; fait bien plus fréquent chez le sapin que chez l'épicéa atteint de la Rouille. Il arrive très-souvent qu'un sapin, bien portant jusque-là, a dans la même année les aiguilles malades simultanément sur les pousses de 3 à 6 ans. Il est très-rare que des pousses de 2 ans aient déjà des aiguilles dans un état morbide. Quand un sapin est malade depuis quelques années, on trouve, sur les pousses de 3 ans, des aiguilles nouvellement atteintes, et, sur les pousses de 4 à 6 ans, des aiguilles aussi nouvellement malades, mais entre d'autres qui le sont depuis longtemps et dont les périthèces sont vides.

L'*Hypoderma nervisequium* produit l'exfoliation, principalement sur les branches inférieures du sapin; ce qui donne aux sapinières attaquées un aspect maladif.

La tristesse de cette apparence est encore augmentée par la persistance des aiguilles mortes, à périthèces vides, sur les rameaux, durant maintes années jusqu'à la décomposition de ces aiguilles. Ce sont les sapins de 25 à 70 ans, qui paraissent les plus exposés aux ravages de l'*Hypoderma nervisequium*.

III. Rhytisma. — Plus répandu encore, mais moins nuisible, est un autre genre de Discomycètes qui forme des croûtes noires et dures sur les feuilles de différentes plantes : c'est le genre *Rhytisma*, dont l'espèce la plus connue est peut-être le *Rhytisma acerinum*, parasite sur les feuilles de l'érable. Le *Rh. salicinum* vient sur les saules. L'esparcette a à souffrir du *Rh. Onobrychis* DC. qui se présente sur les deux faces des feuilles vivantes.

Toutes ces espèces ne se sont pas encore montrées

assez nuisibles pour éveiller l'attention d'une manière particulière; on peut dire la même chose du *Phacidium Medicaginis* Lasch, qui apparaît en automne sur les feuilles vivantes de la luzerne et du trèfle.

De tous les Discomycètes, le genre *Peziza* fournit sans doute le plus de parasites. La forme, les dimensions et l'aspect des champignons de ce genre varient beaucoup. Leur réceptacle fructifère a la forme d'une coupe ou d'un disque; il est sessile ou pédonculé, lisse ou velu, ou couvert de poils scarieux; souvent il est relevé des couleurs les plus vives.

Une espèce très-importante pour nous est le

IV. 1. Chancre du Trèfle ou Sclérote du Trèfle (*Peziza ciborioides* Fr.). — Ce parasite mortel végète sur quatre espèces de trèfle : le trèfle rouge, le trèfle incarnat, le trèfle blanc et le trèfle hybride. Son mycélium pénètre les méats intercellulaires de toute la plante, et s'y ramifie beaucoup; les cellules parenchymateuses du trèfle commencent aussitôt à se décolorer; les grains de chlorophylle, ainsi que tout le reste du contenu cellulaire, brunissent, et les parois s'effacent. Plus le mycélium se ramifie, et plus la décomposition du trèfle est rapide; finalement il ne reste plus de l'organe atteint que des pelotes d'hyphas recouvertes par l'épiderme; les vaisseaux, moins attaqués que le parenchyme, sont les seuls restes reconnaissables du tissu.

Quand le mycélium s'est ainsi répandu dans toute la plante à l'exception de la racine, on voit sortir par ci par là, à travers l'épiderme, des paquets de gros hyphas qui s'y ramifient de manière à y prendre la forme d'une petite grappe. A l'œil nu, on aperçoit un petit gazon arrondi, floconneux, blanc. Au bout de trois ou quatre jours, on peut y reconnaître deux couches; au milieu on voit un noyau plus consistant, d'où rayonnent des filaments qui forment une enveloppe laineuse recouverte de petites gouttelettes d'eau. Grâce aux nombreuses cloisons transversales qui divisent les hyphas, le noyau prend l'aspect pseudo-parenchymateux.

C'est ainsi que se développe au bout de quatorze à vingt jours une masse sèche, solide, noire à l'extérieur et blanche à l'intérieur, laquelle n'est autre chose qu'un sclérote (fig. 47 et 48 *se*).

C'est en hiver, depuis le mois de novembre jusqu'au mois d'avril, que naissent les sclérotes; car le froid ne tue pas le *Peziza ciborioides,* mais ralentit seulement sa végétation. La forme et la taille des sclérotes sont très-variables. On trouve tous les passages entre les petits exemplaires qui ne dépassent pas le volume d'une graine de pavot et les grands qui atteignent 12^{mm} de long sur 3^{mm} d'épaisseur. Frais, ils contiennent 61 à 65 p. 100 d'eau, et ils ont la consistance de la cire ou du liége; secs, ils ne renferment que 11 à 12 p. 100 d'eau ; ils sont alors durs comme du bois, et cassants.

Ces sclérotes deviennent libres par la putréfaction complète de la plante nourricière, et restent dans le même état jusqu'en juillet ou en août. A l'humidité, ils donnent alors naissance aux fructifications. Pour cela, la couche corticale se soulève et laisse sortir du sclérote un corps pédiculé (fig. 47 et 48 *t*), foncé, et qui se renfle en massue à la surface du sol. Le sommet du pédicule se déprime, et se transforme ainsi en un disque (fig. 48 *b*) appliqué sur le sol. A cet état de développement, la couleur et la forme du champignon ne sont pas constants. La surface du disque est brun clair ; celle du pédicule, jaune ou brune. Le pédicule est d'autant plus long que le sclérote était plus profondément enterré ; il atteint quelquefois 28mm, et son épaisseur varie alors entre 0,1 et 2,0mm. Le diamètre du disque varie entre 1 et 10mm ; plus le pédoncule s'est allongé, moins

Fig. 47. — *Peziza ciborioides*, dont les pédicules *t* sortent du sclérote *se*, puis se renflent à leur sommet et s'y creusent en coupe *b*.

le disque est large. Sur le disque naissent de nombreux asques, qui contiennent chacun huit spores. Celles-ci reproduisent le mycélium qui tue le trèfle.

Les circonstances les plus favorables au développement de ce champignon sont : 1° une situation encaissée et humide; 2° un sol meuble; 3° le maintien du trèfle pendant deux ou trois années consécutives sur le même sol, ce qui offre immédiatement au champignon un substratum convenable.

Fig. 48. — *Peziza ciborioides* arrivé à maturité, et dont les coupes ont rabattu leur bord de manière à faire un chapeau convexe *b*.

Contre les deux premières circonstances, peu ou pas de remèdes possibles. Quant à la durée du trèfle sur le même champ, il faut la réduire à deux ans. Sa réduction à une année arrêterait même complétement la multiplication du *Peziza ciborioides*. Malheureusement la culture annuelle du trèfle rouge est impraticable, car on ne commence à le faucher qu'à sa seconde année. Le trèfle incarnat lui-même, qui périt aussitôt après avoir porté graine, ne donne un peu abondante sa coupe unique, que s'il a été semé dès la fin de l'été de l'année précédente. Dans les assolements où l'on pourrait être forcé d'affecter, pendant plusieurs années consécutives, le même champ à la culture des plantes fourragères, il ne reste qu'un seul expédient : renoncer pendant plusieurs années à la culture du trèfle dans le champ infesté, et le remplacer par des Graminées.

2. **Chancre du Chanvre** (*Peziza Kauffmanniana* Tich.). — Le développement de cette Pezize est semblable à celui de la précédente. Ses spores germent sur l'écorce du chanvre. Les hyphas qui en proviennent percent les fibres libériennes, et pénètrent par les rayons médullaires dans la moelle ; là ils se multiplient en se ramifiant et en s'anastomosant, et ils forment un enduit semblable à une moisissure, puis un tissu spongieux et rempli d'air. Au mois de septembre, ce tissu forme des sclérotes noirs, et qui atteignent jusqu'à 2 centimètres de longueur. Cultivés, ces sclérotes donnent naissance, vers le mois d'avril suivant, quelquefois déjà en novembre, à des fructifications sous forme de cylindres amincis aux extrémités. Les fructifications sont tantôt sessiles, tantôt pédiculées, quelquefois rameuses. Les cupules sessiles, qui n'apparaissent que quand les autres ont déjà péri, sont d'un brun clair, et plus grandes (jusqu'à un demi-centimètre) que les cupules pédiculées.

Les spores des grandes cupules germent seules,

quelquefois déjà dans les asques; elles s'y trouvent au nombre de huit; ce sont probablement leurs boyaux germinatifs qui pénètrent dans la jeune tige du chanvre, et y produisent des désordres plus ou moins graves. Les racines et les feuilles restent intactes, la plante peut même porter des fruits, mais les fibres libériennes perdent de leur solidité.

Cette maladie n'a été observée jusqu'ici qu'en Russie, dans le gouvernement de Smolensk; cependant il est prudent d'avoir l'œil ouvert sur elle. Le seul remède consiste à abandonner pendant plusieurs années la culture du chanvre dans les champs infestés.

3. Chancre du Mélèze (*Peziza calycina* Schum.; *P. Willkommii* R. Hart.). — On trouve ce parasite surtout sur les jeunes mélèzes qui n'ont pas dépassé l'âge de 15 ans. Ce n'est que dans les vallées et les lieux humides, et à l'état de massif pur, que le mélèze est envahi par le *Peziza calycina*.

Le premier symptôme qui se montre au printemps ou en été, c'est le jaunissement des feuilles de certaines branches ou de toute la flèche; immédiatement au-dessous de l'endroit où les feuilles jaunissent ainsi, on observe généralement un écoulement de résine qui sort de l'écorce, dans un endroit où celle-ci est morte et anormalement épaissie. Quelquefois il n'y a pas d'écoulement de résine; mais le bois est dénudé, et autour de la plaie, l'écorce forme des bourrelets cicatriciels.

A mesure que les branches atteintes meurent, des faisceaux d'aiguilles parfois très-longues se développent sur le tronc.

Pendant la dernière période de cette maladie, le mélèze pousse encore, au mois de juin, quelques grêles rameaux; mais ceux-ci se fanent avant la fin de l'été, et alors l'arbre meurt.

Telle est la marche de la maladie sous sa forme chronique, qui peut durer sept ans avant d'arriver au terme fatal; mais il y a aussi une forme aiguë, dans laquelle toutes les feuilles se fanent à la fois, et l'arbre meurt dans la même année.

Attaqués à l'âge de 4 à 5 ans, les mélèzes présentent à leur base une écorce épaisse et spongieuse, et un écoulement de résine. On y voit d'abord une tache un peu brillante, concave, lisse et entourée de bourrelets; puis l'écorce éclate, la résine commence à couler, et le chancre est béant. Le cambium et le bois y sont secs et noirs; les bords du chancre se fendillent de plus en plus, et agrandissent ainsi la plaie. Le côté opposé du tronc continue à s'accroître en largeur; de là un renflement unilatéral. Sur les jeunes plaies chancreuses, surtout sur leurs bords, on voit percer de petites pustules blanches, dont quelques-unes finissent par se transformer en de petites cupules plates, blanches feutrées en dehors, orangées et lisses en dedans, et qui sont portées par de courts et larges pédicules. Ces cupules sont les fructifications parfaites du *Peziza calycina*, dont le mycélium végète dans l'écorce. Un grand nombre de cellules corticales du mélèze sont alors altérées, leur contenu a pris une coloration jaune orangé et une consistance granuleuse ; l'écorce se creuse de nombreuses cavernes traversées par le mycélium. Celui-ci serpente d'abord dans les méats intercellulaires ; mais il ne tarde pas à pénétrer dans l'intérieur des cellules, de préférence par les ponctuations. La matière intercellulaire se dissout d'abord, ensuite les parois cellulaires elles-mêmes.

Cette maladie du mélèze était inconnue autrefois. M. Willkomm croit qu'elle est venue du sud-ouest de l'Europe centrale ; il recommande d'enlever soigneusement les branches malades sur les arbres dont la flèche est encore en bon état. Il faut avoir soin de faire les semis de mélèze loin des plantations malades, et à l'abri du vent qui en vient. Il est surtout opportun de ne cultiver le mélèze que mêlé aux arbres feuillus, d'enlever rapidement les mélèzes maladifs pour une cause quelconque, et de renoncer à propager cette essence dans les vallées et les dépressions humides.

FIN.

TABLE ALPHABÉTIQUE

Pour éviter un Glossaire, les Auteurs ont jugé convenable de mentionner dans cette Table alphabétique les Termes techniques peu usuels, avec l'Indication de la Page où leur Explication est donnée.

FIN DE L'OUVRAGE.

Strasbourg, typ. G. Fischbach. — 1319

LES MALADIES

DES PLANTES CULTIVÉES

PLANCHES EN COULEUR

Fig. A. — Feuille de Poirier récemment attaquée par le Phytoptus Piri. (Voir page 102.)

Fig. B. — Feuille de Poirier attaquée depuis longtemps par le Phytoptus Piri. (Voir page 102.)

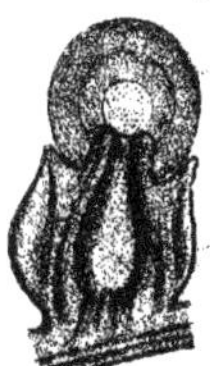

Fig. C. — Thesium parasite sur une racine. s, suçoir du Thesium ; r, racine dans laquelle le suçoir s'introduit. (Voir page 119.)

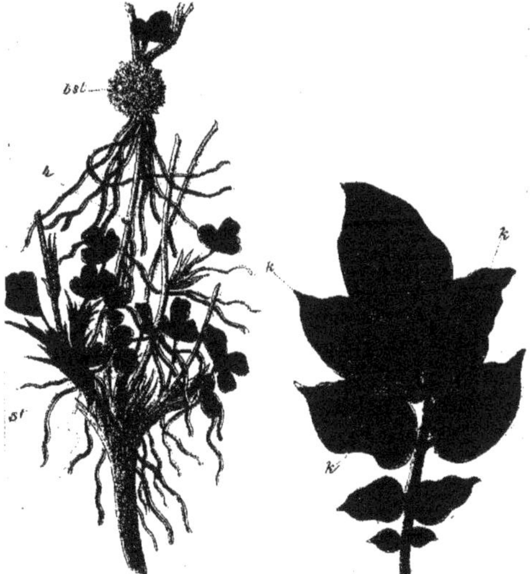

Fig. D. — Trèfle envahi par la cuscute *k* et *st*, suçoirs de la cuscute ; *bst*, fleurs de la cuscute. (Voir page 122.)

Fig. E. — Feuille de Pomme de terre atteinte par le Peronospora infestans. *k*, taches causées par ce parasite au début de ses ravages. (Voir page 131.)

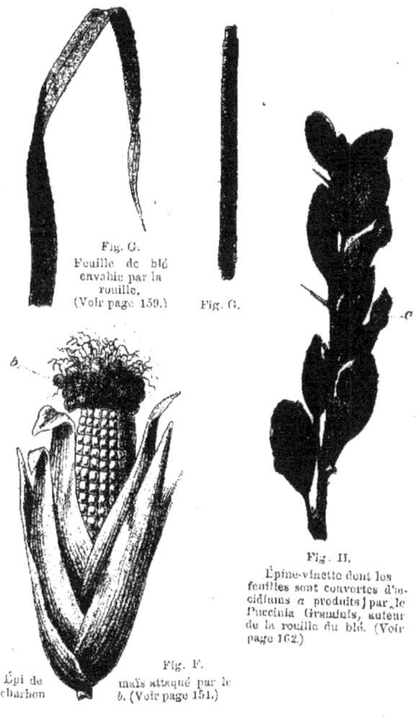

Fig. G.
Feuille de blé envahie par la rouille. (Voir page 159.)

Fig. G.

Fig. H.
Épine-vinette dont les feuilles sont couvertes d'æcidiums a produits par le Puccinia Graminis, auteur de la rouille du blé. (Voir page 162.)

Fig. F.
Épi de maïs attaqué par le charbon b. (Voir page 151.)

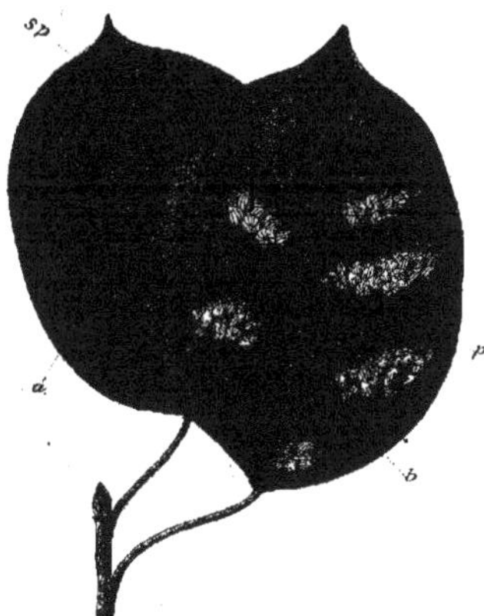

Fig. I. — Feuilles de Poirier atteintes par le Gymnosporangium fuscum qui y produit la rouille. *a*, face supérieure d'une feuille avec les spermogonies *sp*; *b*, face inférieure d'une feuille avec les æcidiums *p*. (Voir page 174.)

Fig. J.

Feuille de vigne atteinte par l'Erysiphe Tuckeri. (Voir page 265.)

Fig. K.

Face supérieure d'une feuille de fraisier, avec les taches produites par le Stigmatea Fragariæ. (V. p. 270.)

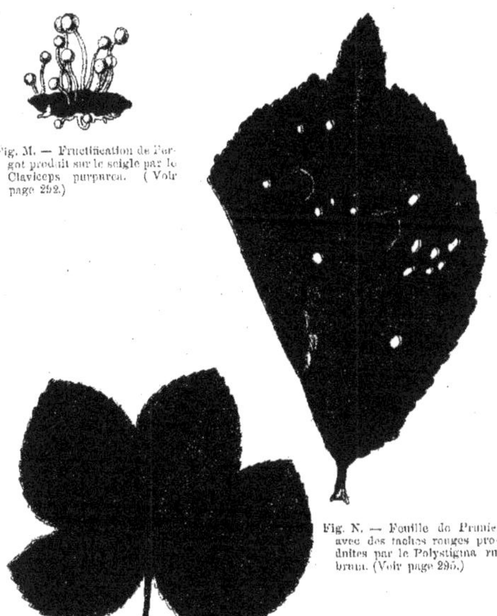

Fig. M. — Fructification de l'ergot produit sur le seigle par le Claviceps purpurea. (Voir page 292.)

Fig. N. — Feuille de Prunier avec des taches rouges produites par le Polystigma rubrum. (Voir page 295.)

Fig. L. — Feuille de Houblon que le Fumago Salicina a couverte de taches fuligineuses. (Voir page 273.)

Fig. O. — Branche de Prunier avec de jeunes quetsches *t* déformées par l'Exoascus Pruni. (Voir page 298.)

www.ingramcontent.com/pod-product-compliance
Ingram Content Group UK Ltd.
Pitfield, Milton Keynes, MK11 3LW, UK
UKHW020428200726
13857UKWH00002B/335